EUL VERLAG

Reihe: Marketing · Band 39

Herausgegeben von Prof. Dr. Heribert Gierl, Augsburg, Prof. Dr. Roland Helm, Jena, Prof. Dr. Frank Huber, Mainz, und Prof. Dr. Henrik Sattler, Hamburg

Prof. Dr. Frank Huber
Dr. Stefanie Regier
und Jan Schikofsky

Neue Dimensionen für die Markenführung

Management von Modemarken in virtuellen Welten

EUL VERLAG

Bibliographische Information der Deutschen Bibliothek

Die Deutsche Bibliothek verzeichnet diese Publikation in der Deutschen Nationalbibliothek; detaillierte bibliographische Daten sind im Internet über **<http://dnb.ddb.de>** abrufbar.

ISBN 978-3-89936-782-9
1. Auflage März 2009

JOSEF EUL VERLAG GmbH
Brandsberg 6
53797 Lohmar
Tel.: 0 22 05 / 90 10 6-6
Fax: 0 22 05 / 90 10 6-88
http://www.eul-verlag.de
info@eul-verlag.de

Bei der Herstellung unserer Bücher möchten wir die Umwelt schonen. Dieses Buch ist daher auf säurefreiem, 100% chlorfrei gebleichtem, alterungsbeständigem Papier nach DIN 6738 gedruckt.

Vorwort

Second Life polarisiert wie kaum ein weiteres Phänomen der Internetökonomie die Einstellungen der Menschen. Die Faszination dieser Online-Welt basiert dabei vor allem auf der Möglichkeit einer parallelen Existenz in der Virtualität, nahezu fern von jeglichen irdischen Begrenzungen.

Second Life ist heute längst nicht mehr der einzige Vertreter seiner Gattung. In der jüngsten Zeit traten immer neue Anbieter in den Markt virtueller 3D-Communities. Neben der Hoffnung, dass sich derartige Erscheinungen als ergiebige Kommunikationskanäle für die Zwecke der eigenen Markenführung nutzen lassen, lässt sich jedoch auch eine zunehmende Unsicherheit über die Wirkung entsprechender Marketingmaßnahmen seitens der Unternehmen beobachten. Zwar liefern die Besucherzahlen und das Kaufverhalten innerhalb virtueller 3D-Communities vage Ansatzpunkte zur Beurteilung des Erfolgs eines virtuellen Markenauftritts; das vermeintlich hohe Potenzial derartiger Marketingmaßnahmen bezüglich ihrer Wirkung auf Einstellungen und Kaufabsicht der Konsumenten in der realen Welt lässt sich damit jedoch nicht erklären.

So wird es für Unternehmen in Zukunft von hoher Bedeutung sein, Entscheidungen für oder gegen ein Engagement im virtuellen Raum weniger auf rein subjektive Einschätzungen als vielmehr auf fundierte Erkenntnisgrundlagen stützen zu können. Die vorliegende empirische Studie leistet hierzu einen Beitrag und zeigt auf, welche positiven Effekte sich ein Unternehmen aus einem Engagement in einer virtuellen 3D-Community wie Second Life versprechen darf und wie es den eigenen Markenauftritt gestalten sollte, um erfolgreich in die eigenen Unternehmensziele einzuzahlen.

Mainz im Februar 2009

Univ.-Prof. Dr. Frank Huber
Dr. Stefanie Regier
Jan Schikofsky

Inhaltsverzeichnis

Abbildungsverzeichnis

Tabellenverzeichnis

Abkürzungsverzeichnis

bspw.	beispielsweise
DEV	durchschnittlich erfasste Varianz
Ed.	Editor
H	Hypothese
i. d. R.	in der Regel
No.	Number
Pfadkoeff.	Pfadkoeffizient
PLS	Partial Least Squares
S.	Seite
u. a.	unter anderem
v. a.	vor allem
VIF	Variance Inflation Factor
Vol.	Volume
Web	World Wide Web

1 Zur Relevanz der Markenpflege in virtuellen 3D-Communities

Im Jahr 2006 gewann die virtuelle 3D-Community Second Life schlagartig an Popularität, wobei die hohen Wachstumsraten der Nutzergemeinschaft mit einem steigenden Interesse zahlreicher Großunternehmen an der Implementierung virtueller Markenauftritte einherging: So fanden bspw. IBM, Dell oder auch Sony BMG bereits zum damaligen Zeitpunkt den Einzug in das Metaversum von Second Life.[1] Im Jahr 2007 folgte u. a. der Showroom von Mercedes-Benz, der mit einem virtuellen Livekonzert eröffnet wurde.[2]

Heute ist Second Life längst nicht mehr ohne Wettbewerber, sondern repräsentiert lediglich den bislang bekanntesten Vertreter einer neuartigen Form des Internets. In jüngster Zeit kündigten sich immer neue virtuelle 3D-Communities an, wobei sich diese Entwicklung weiter fortzusetzen scheint.[3] „We do feel the beginning of a major transformation on how people are going to interact on the web – going from a flat to an immersive experience".[4] Mit diesen Worten beschreibt *Maggie Blayney* (Director Sales & Distribution, ibm.com) den sich aus Sicht ihres Unternehmens abzeichnenden Zukunftstrend zum dreidimensionalen Internet.

Einige Unternehmen sehen in den innovativen Möglichkeiten des dreidimensionalen Internets bereits ein vielversprechendes Potenzial für die eigene Markenführung: So lassen sich aufgrund einer passgenauen Zielgruppenansprache, der erhöhten Glaubwürdigkeit durch die Ausnutzung der Word-of-Mouth-Prinzipien und die Ansprache außerhalb des Werbekontexts bei der Markenkommunikation in virtuellen 3D-Communities ähnliche Effekte wie beispielsweise beim Sponsoring oder Branded Entertainment vermuten.[5]

---

1 Vgl. Breuer/Küpers (2007), S. 2. Der Begriff „Metaversum" entstammt dem Science Fiction Roman „Snow Crash" von Neal Stephenson aus dem Jahr 1992 und bezeichnet den virtuellen digitalen Raum, in dem sich Online-Nutzer mit ihren selbst kreierten Figuren, den Avataren, bewegen: Vgl. Thomas/Stammermann (2007), S. 158. Neal Stephenson gilt als „geistiger Vater" virtueller 3D-Welten: Vgl. FAZ.Net (2007).

2 Vgl. Göttgens/Dörrenbächer (2008), S. 225.

3 Vgl. Jansen (2008).

4 Baizhen/Chatterjee (2007).

5 Vgl. Breuer/Küpers (2007), S. 4 f.

Die Eignung virtueller 3D-Communities für die Zwecke der unternehmerischen Markenpflege wird jedoch durchaus kontrovers diskutiert. Die Entscheidung für oder gegen die Investition in ein virtuelles Engagement stützt sich zurzeit allerdings eher auf die subjektive Überzeugung des jeweils verantwortlichen Marketers und weniger auf eine rationale Bewertungsgrundlage.[6] Zwar lassen sich Besucher- und Verkaufszahlen innerhalb virtueller 3D-Communities direkt beobachten; jedoch mangelt es bislang an empirisch gestützten Befunden, die Aufschluss darüber geben, inwiefern sich die Maßnahmen der Markenpflege in virtuellen 3D-Communities auf die Einstellung und das Kaufverhalten der Konsumenten in der realen Welt auswirken. Zudem fehlt es an Erkenntnissen bezüglich der Determinanten mittels derer Unternehmen den Erfolg dieser Maßnahmen direkt beeinflussen können. Erkenntnisse über Art und Ausmaß der entsprechenden Wirkungszusammenhänge sind jedoch für die Ableitung geeigneter Handlungsimplikationen unerlässlich.

Ziel dieser Studie ist es daher, einen theoretisch und empirisch fundierten Beitrag zum Verständnis der Wirkung der Markenpflege in virtuellen 3D-Communities auf das Kaufverhalten der Konsumenten in der realen Welt zu leisten. Dazu erfolgt zunächst eine Einordnung der Online-Markenpflege in den Kontext der unternehmerischen Markenführung und die Klärung wesentlicher Begrifflichkeiten. Im Anschluss daran werden die Chancen und Risiken der Markenpflege in virtuellen 3D-Communities einander kritisch gegenübergestellt. Aufbauend auf diesen Erkenntnissen werden ausgewählte Wettbewerber im Markt virtueller 3D-Communities auf ihre Eignung in Bezug auf die Durchführung von Marketingmaßnahmen untersucht und das Potenzial des bekanntesten Vertreters „Second Life“ für die unternehmerische Markenpflege näher analysiert. Im Rahmen des dritten Kapitels werden grundlegende Theorien vorgestellt, die einen wesentlichen Beitrag zur Klärung der Forschungsfrage leisten. Auf Basis dieser Theorien wird anschließend ein Modell zur Wirkung der Markenpflege in virtuellen 3D-Communities entwickelt. Dabei werden die Zusammenhänge zwischen den Wirkungskomplexen von objekt- und verhaltensbezogenen Wahrnehmungen und Einstellungen innerhalb der virtuellen 3D-Community und der physischen Realität identifiziert und deren Wirkungen auf die Kaufabsicht in der Realität untersucht. Kapitel vier informiert über die Erhebung der

6 Vgl. Waschkies (2007), S. 713.

Daten und deren Auswertung im Rahmen der kausalanalytischen Studie zur Überprüfung der postulierten Wirkungszusammenhänge. Das fünfte Kapitel präsentiert die aus den Ergebnissen der Kausalanalyse abgeleiteten Implikationen für die Marketingpraxis und -forschung. Kapitel sechs fasst die zentralen Erkenntnisse der vorliegenden Studie abschließend zusammen.

2 Grundlagen der Online-Markenpflege

2.1 Online-Markenpflege als Bestandteil der Markenführung

Der Begriff Markenpflege wird in der Literatur nicht eindeutig verwendet; vielmehr besteht hier eine Fülle unterschiedlicher Begriffserklärungen nebeneinander.[7] Eine eher allgemein gehaltene Definition liefert bspw. *Pepels,* indem er den Inhalt der Markenpflege als „planmäßige Fortführung der Marke“ beschreibt und die aufbauorganisatorische Einbettung der Markenpflege in das Brand Management der Unternehmen aufzeigt.[8] *Baumgarth* betont daneben den dynamischen Aspekt der Markenpflege. Die Ziele der Markenpflege bestehen nach dem Autor sowohl in der Imagebildung als auch in der Imageveränderung.[9] Auch *Gaiser* hebt den dynamischen Aspekt der Markenpflege hervor. Nach Ansicht der Autorin ist es für die Stärke und Vitalität einer Marke unerlässlich, diese einer permanenten Erneuerung zu unterziehen: So ist die Markenkommunikation kontinuierlich an veränderte Verbraucherwünsche und Umweltbedingungen anzupassen und im Einzelfall sogar eine Repositionierung der Marke einzuleiten.[10] Markenpflege bedeutet in diesem Zusammenhang „[…] die Notwendigkeit von Relaunchprozessen laufend zu prüfen und den Prozess gegebenenfalls zu initiieren“.[11] *Hermanns/Kiendl/Ringle* analysieren die Aufgaben der Markenführung in Abhängigkeit von den Phasen des Lebenszyklus einer Marke.[12] In diesem Kontext unterscheidet das Autorengespann zwischen der aktiven und der passiven Form der Markenpflege. Die aktive Markenpflege wird dabei als Aufgabe der Markenführung in der Wachstums- und Reifephase betrachtet. Dabei gilt es, die geschaffene Markenbekanntheit zu erhalten bzw. weiter auszubauen, eine Stärkung des Markenimages zu erreichen und zudem eine nachhaltige Bindung der Kunden an die Marke zu fördern.[13] Die passive Markenpflege betten die Autoren hingegen in die Degenerationsphase ein, in der die vorangegangen Marketingmaßnahmen lediglich beibehalten oder sogar reduziert werden. Während des gesamten Lebenszyklus der Marke sollte die Markenidentität als Orientierungspunkt

---

7 Vgl. Welling (2006), S. 53.
8 Vgl. Pepels (2006), S. 125.
9 Vgl. Baumgarth (2004), S. 160.
10 Vgl. Gaiser (2005), S. 89.
11 Gaiser (2005), S. 89.
12 Vgl. Hermanns/Kiendl/Ringle (2006), S. 311 f.
13 Vgl. Hermanns/Kiendl/Ringle (2006), S. 311.

dienen, der die Konsistenz und Kontinuität der Marke im Zeitablauf gewährleistet und den individuellen Charakter der Marke langfristig prägt.[14] Zur Generierung von Markenwert bzw. Markenerfolg sind „[...] im Sinne des Konzeptes der integrierten Kommunikation alle Kommunikationsmaßnahmen aufeinander abzustimmen und geeignete Leitinstrumente der Markenkommunikation auszuwählen".[15] Andere Autoren sehen die wesentliche Aufgabe der Markenpflege darin, die eigene Marke gegenüber anderen Marken durch eine eindeutige Ansprache der fokussierten Zielgruppe abzugrenzen. Dabei gilt es, diese Abgrenzungsleistung mittels adäquater Positionierungsmaßnahmen stets im Bewusstsein der Konsumenten zu verankern.[16]

Die Markenpflege im Internet gewinnt besonders in Business-to-Consumer-Märkten an Bedeutung.[17] Diese Entwicklung ist v. a. mit den neuen Möglichkeiten des Web 2.0 zu begründen.[18] *Mezger/Sadrieh* begreifen Online-Markenpflege als Teilaufgabe der Markenführung, und betonen demzufolge die Notwendigkeit, die Markenpflege im Einklang mit der für die Marke konzipierten Marketing-Strategie zu betreiben.[19] Die Autoren betonen zudem die besondere Rolle, die der Gestaltung der Kommunikation, als „[...] Angelpunkt eines jeden Online-Marketingplans",[20] im Rahmen der Online-Markenpflege zukommt.[21] Dieser Sichtweise wird auch in der vorliegenden Studie gefolgt und der Fokus der Untersuchung entsprechend gewählt. Fasst man nun die dargestellten, zentralen Merkmale der Markenpflege zusammen und spezifiziert diese für den Fall der Online-Kommunikation, so lässt sich die Online-Markenpflege folgendermaßen definieren:

---

14 Vgl. Hermanns/Kiendl/Ringle (2006), S. 311.

15 Hermanns/Kiendl/Ringle (2006), S. 311.

16 Vgl. Knapp (2003), S. 373.

17 Vgl. Mezger/Sadrieh (2007), S. 76; vgl. Heng (2006).

18 Bislang findet sich in der Literatur keine einheitliche Definition des Begriffs „Web 2.0". Nach O'Reilly, der als Schöpfer dieses Begriffs gilt, bezeichnet Web 2.0 das Phänomen, dass Internet-Nutzer mit relativ geringem Aufwand Web-Inhalte generieren und mit anderen teilen können: Vgl. Berge/Buesching (2007), S. 24; vgl. O'Reilly (2005). Daneben kann Web 2.0 auch folgendermaßen definiert werden: „Web 2.0 umfasst Internet-Anwendungen und -Plattformen, die die Nutzer aktiv in die Wertschöpfung integrieren – sei es durch eigene Inhalte, Kommentare, Tags oder auch nur durch ihre virtuelle Präsenz. Wesentliche Merkmale der Wertschöpfung sind somit Interaktivität, Dezentralität und Dynamik": Kilian/Hass/Walsh (2007), S. 7.

19 Vgl. Mezger/Sadrieh (2007), S. 75.

20 Mezger/Sadrieh (2007), S. 76.

21 Die Autoren verweisen neben den kommunikationsbezogenen Instrumenten der Online-Markenpflege bspw. auch auf die Möglichkeit des Einsatzes unterschiedlicher Vertriebskanäle und diverser Preisdifferenzierungsmaßnahmen: Vgl. Mezger/Sadrieh (2007), S. 75 f.

> Der Begriff Online-Markenpflege bezeichnet die gezielte und planmäßige Beeinflussung des Markenimages mittels geeigneter Online-Kommunikationsmaßnahmen mit dem Ziel, die Stärke, Vitalität und Bekanntheit der Marke zu bewahren bzw. zu erhöhen. Die Maßnahmen der Online-Kommunikation sind dabei, unter besonderer Berücksichtigung der Markenidentität und der fokussierten Zielgruppe, untereinander und mit allen übrigen Kommunikationsmaßnahmen abzustimmen und in die für die Marke konzipierte Marketing-Strategie einzubetten.

Dieses Verständnis der Online-Markenpflege wird den folgenden Ausführungen zugrunde gelegt. Die vorliegende Studie widmet sich den Wirkungen der Markenpflege in virtuellen 3D-Communities. Daher soll zunächst der Begriff der virtuellen 3D-Community eine Definition erfahren.

2.2 Markenpflege in virtuellen 3D-Communities

2.2.1 Zum Begriff der virtuellen 3D-Community

Zur Ableitung einer Arbeitsdefinition der virtuellen 3D-Community erscheint es ratsam, sich mit den bisher in der Literatur aufgeführten Begriffserklärungen bezüglich der „klassischen" virtuellen Community vertraut zu machen. Die bisherigen Erkenntnisse sollen dabei jedoch keinesfalls unreflektiert in den neuen Aktionsraum des dreidimensionalen Internets übertragen werden.

Obwohl der Begriff der virtuellen Community heutzutage zu den populärsten Modewörtern des Marketings zählt,[22] wird dieser bislang nicht einheitlich verwendet.[23] Dieser Umstand lässt sich damit begründen, dass dieses Phänomen eine Vielzahl unterschiedlicher Dimensionen aufweist und durch einen interdisziplinären Charakter

---

22 Vgl. Von Loewenfeld (2006), S. 29.

23 Zudem existieren neben dem Begriff selbst zahlreiche, synonym verwendete Ausdrücke wie bspw. „Online Community", „Virtual Community", "Cyber Community", „Web Community" und „Virtuelle Gemeinschaft": Vgl. Von Loewenfeld (2006), S. 38; vgl. Panten (2005), S. 18; vgl. Leimeister/ Krcmar (2004), S. 47.

geprägt ist.[24] *Tabelle 2.1* zeigt eine Auswahl der unterschiedlichen Begriffserklärungen und der dabei belichteten Perspektiven.

Verfasser (Jahr)	Definition	Perspektive
Rheingold (1993)	„Virtual communities are social aggregations that emerge from the net when enough people carry on those public discussions long enough, with sufficient human feeling, to form webs of personal relationships in cyber-space." (S. 413)	**Soziologisch** ▪ Öffentliche Diskussion im Internet als Ausgangspunkt persönlicher Beziehungen
Figallo (1998)	"In a true community on the web, the member feels part of a larger social whole. There's an interwoven web of relationships. There's an ongoing exchange between members of commonly valued things. Relationships between members last through time, creating shared histories." (S. 15)	**Sozialpsychologisch** ▪ Zugehörigkeitsgefühl ▪ Sozialer Austausch zu gemeinsam geschätzten Dingen ▪ Gefestigte Beziehungsstrukturen
Hagel III; Armstrong (1997)	„But virtual communities are more than just a social phenomenon. What starts off as a group drawn together by common interests ends up as a group with a critical mass of purchasing power, partly thanks to the fact that communities allow members to exchange information on such things as a product's price and quality." (S. 143)	**Geschäftliche Nutzung** ▪ Spezifischer Interessensschwerpunkt ▪ Informationsaustausch ▪ Auswahl zwischen konkurrierenden Anbietern und Angeboten
Kozinets (1999)	They (virtual communities of consumption) can be defined as affiliative groups whose online interactions are based upon shared enthusiasm for, and knowledge of, a specific consumption activity or related group of activities." (S. 254)	**Konsumorientiert** ▪ Spezifische Konsumgewohnheiten als Basis der Community
Lechner et al. (1998)	„Virtuelle Gemeinschaften werden demnach betrachtet als eine organisatorische Sammlung von Agenten auf der Basis einer durch die Informations- und Kommunikationstechnologie zur Verfügung gestellten Plattform. Die Mitglieder der Gemeinschaft werden durch Avatare auf der Plattform repräsentiert und die Organisation der Gemeinschaft wird auf der Plattform implementiert." (S. 3)	**Technologisch** ▪ Technische Plattform ▪ Interaktion von (Software-) Agenten ▪ Die Informations- und Kommunikationstechnologie bildet die Grundlage der Community
Preece (2000)	„An online community consists of: People who interact socially as they strive to satisfy their own needs or perform special roles, such as leading or moderating. A shared purpose, such as an interest, need, information exchange or service that provides a reason for the community. Policies, in the form of tacit assumptions, rituals, protocols, rules, and laws that guide people's interactions. Computer systems to support and mediate social interaction and facilitate a sense of togetherness." (S. 10)	**Multidisziplinär** ▪ Soziale Identität und Selbstartikulation ▪ Sozial interagierende Menschen ▪ Grundregeln für diese Interaktion ▪ Gemeinsamer Zweck ▪ Technische Plattform

Tabelle 2.1: Ausgewählte Definitionen für den Begriff der virtuellen Community[25]

[24] Vgl. Leimeister/Krcmar (2004), S. 47.

Die dargestellten Definitionen erheben keinen Anspruch auf Vollständigkeit; sie bieten jedoch einen Überblick über die in der Literatur am häufigsten vertretenen Auffassungen.

In Bezug auf die neuesten Vertreter virtueller Communities erscheint es sinnvoll, der von einigen Autoren geforderten Interessensharmonie unter den Mitgliedern ein weitgefasstes Verständnis zugrunde zu legen. So wurde die Interessenshomogenität der Mitgliedergruppe in „klassischen", themenspezifischen Online-Foren sicherlich durch die Selbstselektion der Nutzer begünstigt. Gerade bei themenunspezifischen, dreidimensionalen Online-Welten sind jedoch wesentlich heterogenere Interessensstrukturen zu erwarten. Vor diesem Hintergrund konstatiert *Mertens*: „Das Marketing muss sich [daher] auf weniger homogene Communities mit neuen Konzepten und Kreativität einstellen".[26] Darüber hinaus richtet sich der Homogenitätsgrad der Nutzergruppe zum Teil erheblich nach dem jeweils zugrunde liegenden Abstraktionsniveau der Betrachtung.[27]

Weiter kann festgehalten werden, dass lediglich die Definition von *Lechner et al.* und der multidisziplinäre Erklärungsversuch von *Preece* den mit der virtuellen Community verbundenen technologischen Aspekt aufgreifen. Während *Lechner et al.* die Technologie gänzlich in den Fokus ihrer Betrachtung stellen und dabei die von *Rheingold* und *Figallo* hervorgehobenen sozialen Aspekte virtueller Communities weitestgehend ignorieren, versteht *Preece* die Technologie vielmehr als ein notwendiges Medium zur Ermöglichung der sozialen Interaktion.[28]

Die neuen Möglichkeiten des dreidimensionalen Internets werfen hier jedoch die Frage auf, welcher Stellenwert der Technologie innerhalb der heutigen komplexen, soziotechnischen Systeme zukommt. Während sich frühere Communities bspw. in der Struktur der genannten Online-Foren konstituierten, stehen sich heute selbst

---

25 In Anlehnung an Leimeister (2005), S. 36 ff; Panten (2005), S. 19 f.

26 Vgl. Mertens (2007a), S. 11.

27 So weist bspw. das Karriereportal XING (www.xing.com) alle Charakteristika einer virtuellen Community im Sinne der Definition von *Preece* auf. Innerhalb dieses Karriereportals finden sich jedoch zahlreiche Sub-Interessensgruppen, die je nach Abstraktionsebene, in sich geschlossen wieder als virtuelle Community verstanden werden können. Je nach Abstraktionsebene können die Beweggründe zur Teilnahme in der Community dabei erheblich differieren: Vgl. hierzu bspw. die XING-Gruppe „Haustiere – die besten Freunde des Menschen" mit mehr als 6000 Mitgliedern.

28 Vgl. Leimeister (2005), S. 36 ff; Panten (2005), S. 19 f.

erschaffene, animierte Personen (Avatare) gegenüber, die neben den klassischen Kommunikationsinstrumenten teilweise über ein beachtliches Repertoire an Interaktions- und Selbstartikulationsmöglichkeiten (wie bspw. Körpersprache, Mimik) verfügen.[29] Vor diesem Hintergrund ist die Technologie als fester Bestandteil des sozialen Handelns anzusehen.

Die allgemeine Auffassung darüber, inwieweit die Technologie als eigenständige Komponente eines komplexen sozialen Gefüges angesehen werden sollte, erfuhr erstmals durch die seit Mitte der achtziger Jahre hauptsächlich von *Gallon* und *Latour* geprägte Akteur-Netzwerk-Theorie eine revolutionäre Wende.[30] Die hohe gegenwärtige und zukünftige Bedeutung dieser theoretischen Überlegungen sehen *Belliger* und *Krieger* in der zunehmenden Vermenschlichung der Technik. So heißt es hier: „Nicht Wissenschaft und Technik bestimmen den Menschen und die Gesellschaft, sondern der Mensch konstruiert Maschinen nach seinem eigenen Vorbild. Jedes technische Artefakt [...] besitzt nicht nur von seiner Entstehungsgeschichte her, sondern in seiner Organisation und seinem Operieren in irgendeiner Form menschliche und soziale Eigenschaften“.[31] Die Akteur-Netzwerk-Theorie vertritt dabei die überaus radikale methodologische Annahme, dass sämtliche menschliche, technische und dingliche Entitäten als soziale Akteure anzusehen sind. Ein Akteur ist in diesem Zusammenhang zu verstehen als „[...] eine Konstruktion, ein Hybride bestehend aus mehr oder weniger verschiedenartigen Elementen“.[32]

Auch wenn diese Erkenntnisse der Akteur-Netzwerk-Theorie zunächst sehr abstrakt erscheinen, können sie dazu beitragen, das Verständnis bezüglich des Untersuchungsobjekts weiter zu präzisieren. So ließe sich nach der Argumentation dieser Theorie der komplexe Zusammenhang zwischen dem Community-Nutzer, seinem Avatar und möglicherweise sogar des von diesem genutzten virtuellen Objekts (bspw. ein markiertes virtuelles Kleidungsstück) unter dem Begriff des Akteurs verdichten. Zudem werden nach der Akteur-Netzwerk-Theorie auch Non-Profit- und Profit-Organisationen als Akteure innerhalb des sozialen Gefüges begriffen, die ge-

---

[29] Vgl. Mertens (2007a), S. 8 ff.
[30] Vgl. Strübing (2005), S. 302 ff.
[31] Belliger/Krieger (2006), S. 15.
[32] Belliger/Krieger (2006), S. 39 f.

mäß der oben aufgeführten Definitionen in dieser Form nicht als aktive Mitglieder virtueller Communities verstanden wurden.

Nach der Analyse und Diskussion der unterschiedlichen Auffassungen bezüglich virtueller Communities lassen sich die bisherigen Erkenntnisse, unter Berücksichtung der Überlegungen der Netzwerktheorie, zu der folgenden, bewusst weit gefassten Arbeitsdefinition der virtuellen 3D-Community verdichten:

> Eine virtuelle 3D-Community bezeichnet eine mehr oder weniger (selbst-) organisierte Gemeinschaft interagierender Akteure innerhalb einer dreidimensionalen, internetbasierten Benutzerumgebung, wobei die Handlungen der einzelnen Akteure durch psychologische, soziale und/oder ökonomische Interessen motiviert sein können.

Dieses Verständnis abstrahiert dabei von einer konkreten, themenbezogenen Interessensharmonie zwischen den Akteuren. Darüber hinaus können nach diesem weiten Verständnis auch Organisationen als aktive Elemente virtueller 3D-Communities verstanden werden. Die aufgestellte Arbeitsdefinition wird demnach der Komplexität des Untersuchungsgegenstandes gerecht und kann als Grundlage für die weiteren Ausführungen genutzt werden.

2.2.2 Chancen und Risiken der Markenpflege in virtuellen 3D-Communities

Die Chancen und Risiken der Markenpflege in virtuellen 3D-Communities aus Betreiber-, Unternehmens- und Konsumentensicht lassen sich zunächst aus den generellen Chancen und Risiken des Online-Marketings, der aufgezeigten Charakteristika virtueller Communities, sowie aus den Besonderheiten des Web 2.0 ableiten.

Da sich die vorliegende Studie mit den betriebswirtschaftlichen Aspekten der Online-Markenpflege aus Unternehmenssicht befasst, wurde der Schwerpunkt der nachfolgenden Ausführung entsprechend gewählt. Die Sichtweise des Community-Betreibers und der Endverbraucher wird somit lediglich dann berücksichtigt, wenn sich daraus bedeutende Implikationen für die unternehmerische Markenpflege ergeben.

Chancen der Online-Markenpflege

Die steigende Attraktivität des Internets für die Zwecke der Markenpflege ist insbesondere auf die positive Entwicklung der Breitbandzugänge zurückzuführen.[33] Während im Jahr 2005 bereits 10,7 Mio. deutsche Haushalte einen entsprechenden Zugang besaßen, ist auf Basis einer von Deutschland Online durchgeführten Studie davon auszugehen, dass im Jahr 2015 deutschlandweit 21 Mio. Haushalte über einen Breitbandanschluss verfügen werden,[34] was einem Anteil von 70% der deutschen Haushalte entspräche.[35] Die hohen Bandbreiten unterstützen die Integration von Text, Ton (Sprache, Geräusche, Musik), Bild (Fotos, Grafiken) und Bewegtbild (Clips, Filme), womit sich simultan mehrere Sinne der menschlichen Wahrnehmung anzusprechen lassen.[36]

Neben den multimedialen Darstellungsmöglichkeiten erweist sich das Internet auch aufgrund seiner großen Reichweite als ein geeignetes Medium für die Markenpflege.[37] Neben den generell steigenden Online-Reichweiten ist festzustellen, dass das Internet über den Tag verteilt die konstanteste Netto-Reichweite im Vergleich zu allen anderen Medien aufweist.[38] Daneben ergab eine bereits 2005 durchgeführte Studie, dass 27 Prozent der Deutschen das Internet direkt nach dem Fernsehen (43 Prozent) als „unverzichtbarstes" Medium ansehen.[39] Dazu kommt, dass ein großer Teil der deutschen Bevölkerung Online-Kommunikationsmaßnahmen generell positiv gegenüber steht und ihnen einen hohen Unterhaltungsnutzen sowie einen wahrnehmbaren Mehrwert zuspricht.[40] Auch die sich abzeichnende Tendenz der Nutzung des Internets als Erstinformationsquelle verdeutlicht das große Potenzial dieses Mediums für die unternehmerische Markenpflege.[41]

---

[33] Vgl. Göttgens/Dörrenbächer (2008), S. 216 ff.
[34] Vgl. Deutschland Online (2006), S. 14 ff.
[35] Eine ähnliche Entwicklung ist auch international zu beobachten: Vgl. Göttgens/Dörrenbächer (2008), S. 216.
[36] Vgl. Fantapié Altobelli/Sander (2001), S. 25.
[37] Vgl. Schwickert (2001), S. 280.
[38] Vgl. Göttgens/Dörrenbächer (2008), S. 216.
[39] Vgl. SevenOne Media (2005), S. 40 f.
[40] Vgl. SevenOne Media (2005), S. 32.
[41] Vgl. SevenOne Media (2005), S. 32 ff.

Ein weiterer, wesentlicher Vorteil der Nutzung des Internets für die Markenpflege der Unternehmen besteht in der Möglichkeit der Interaktion. Der Einsatz interaktiver Technologien erlaubt es im Gegensatz zu „linearen" Medien, Inhalte selektiv abzurufen und gestattet damit den Nutzern aktiven Einfluss auf den Kommunikationsprozess zu nehmen.[42] Durch die Einbindung von Datenbankanwendungen und Feedbackmöglichkeiten lässt sich darüber hinaus ein automatisierter oder direkter Kontakt zu dem Besucher des Online-Auftritts herstellen, wodurch ein erhöhtes Involvement geschaffen werden kann, das die Kontaktqualität im Gegensatz zur klassischen Massenkommunikation verbessert.[43] Schließlich unterstützt die Dialogfähigkeit des Internets das Monitoring und die Erfolgsmessung der getätigten Maßnahmen der Markenpflege.[44] So stehen den Unternehmen geeignete elektronische Tracking-Instrumente zur Verfügung, mit deren Hilfe sich markenbezogene Äußerungen und Stimmungen erfassen lassen.[45]

Im Gegensatz zu klassischen Portalen beziehen Web 2.0-Communities den Nutzer aktiv mit ein, indem dieser die Inhalte selbst generiert und aktualisiert.[46] „Im Ergebnis bilden sich soziale Netzwerke im Internet, in denen Inhalte und Informationen zwischen verbundenen Nutzern ausgetauscht werden".[47] In diesem Kontext gewinnt das Virale Marketing an Bedeutung. So können in hoch vernetzten Web 2.0-Communities bereits mit geringem Aufwand kosteneffizient hohe Wirkungen der Online-Markenpflege realisiert werden.[48] Zudem kann die aktive Integration des Konsumenten dazu beitragen, dessen Loyalität an das Unternehmen bzw. an die Marke zu stärken.[49]

Neben den bisher aufgezeigten Chancen, die sich aufgrund der allgemeinen Vorzüge des Internets und der Möglichkeiten des Web 2.0 ergeben, bieten dreidimensionale Online-Infrastrukturen weitere spezifische Potenziale für die Markenpflege. Ein erster

---

42 Vgl. Fantapié Altobellí/Sander (2001), S. 25; vgl. Göttgens/Dörrenbächer (2008), S. 216.
43 Vgl. Fantapié Altobellí/Sander (2001), S. 25.
44 Vgl. Mast/Huck/Güller (2005), S. 336. Zur generellen Erfolgsmessung von Online-Kampagnen: Vgl. Langner (2007), S. 147 ff. Für eine Auflistung geeigneter Instrumente zur Erfolgsmessung in virtuellen 3D-Communities: Vgl. Mertens (2007b), S. 22 ff.
45 Vgl. Mezger/Sadrieh (2007), S. 78.
46 Vgl. Berge/Buesching (2007), S. 29.
47 Berge/Buesching (2007), S. 24.
48 Vgl. Roder (2005), S. 512 ff.; vgl. Mezger/Sadrieh (2007), S. 74.
49 Knappe/Kracklauer (2007), S. 72.

möglicher Vorzug der Markenpflege in virtuellen 3D-Communities ergibt sich bereits aus dem innovativen Charakter derartiger unternehmerischer Engagements. Der „Hype" der virtuellen Markenpräsenz könnte demnach durchaus mit positiven Imageeffekten für die reale Marke und für das Unternehmen als Ganzes verbunden sein.[50]

Weiter lässt sich festhalten, dass dreidimensionale Benutzerumgebungen Unternehmen die Möglichkeit bieten, ihre (virtuellen) Produkte perspektivisch darzustellen, und im Rahmen einer glaubhaften Gebrauchssituation (bspw. das Tragen von markierter Kleidung durch einen Avatar) außerhalb des Werbekontexts zu präsentieren.[51] Zusätzlich kann die Erhöhung der Glaubwürdigkeit auch durch die Ausnutzung von Word-of-Mouth-Prinzipien erhöht werden.[52] Die Nutzung eines virtuellen Produkts oder einer Marke durch den Avatar ist zudem für andere Community-Mitglieder direkt beobachtbar und bildet daher einen wesentlichen Bestandteil der nonverbalen Kommunikation zwischen den Teilnehmern.[53] Die daraus resultierende hohe Identifikation der Teilnehmer mit der genutzten Marke unterstreicht ebenfalls das Leistungsvermögen von virtuellen 3D-Communities für die unternehmerische Markenpflege. Schließlich lässt sich feststellen, dass der Immersionsgrad, d. h. das Ausmaß des gedanklichen „Eintauchens" eines Individuums in eine bestimmte Situation, bei der Interaktion in dreidimensionalen Online-Umgebungen besonders ausgeprägt ist.[54] Das dadurch erzeugte, erhöhte Involvement kann im Rahmen der Online-Markenpflege genutzt werden.[55]

Die bisherigen Ausführungen verdeutlichen das große Potenzial virtueller 3D-Communities als Plattform für die Online-Markenpflege. Dieses Potenzial ist jedoch zugleich die Quelle bedeutsamer Risiken, die es aus Unternehmenssicht zu berücksichtigen gilt.

---

[50] Vgl. Breuer/Küpers (2007), S. 24.

[51] Vgl. Breuer/Küpers (2007), S. 5. Mezger/Sadrieh konstatieren in diesem Zusammenhang, dass die "[...] Effektivität der Online-Markenpflege [...] in besonderem Maße von [...] dem Vertrauen in die Authentizität des Kommunikationsumfelds" determiniert wird: Mezger/Sadrieh (2007), S. 76.

[52] Vgl. Breuer/Küpers (2007), S. 5; vgl. Knappe/Kracklauer (2007), S. 72.

[53] Vgl. Von Loewenfeld (2006), S. 92.

[54] Vgl. Mertens (2007b), S. 24.

[55] Vgl. Breuer/Küpers (2007), S. 7 f.

Risiken der Online-Markenpflege

Aufgrund des generell hohen Wirkungspotenzials der Markenpflege innerhalb netzwerkartiger Strukturen,[56] sind Kommunikations-Maßnahmen in virtuellen 3D-Communities nicht voreilig, sondern vielmehr wohl überlegt einzuleiten. Gehen diesen Maßnahmen keine umfassenden Analysen, zielgerichteten Planungen und ein konkretes Projekttiming voraus, können sich für Unternehmen erhebliche Gefahren ergeben.[57]

Eine erste große Gefahr resultiert aus der Tatsache, dass sich Kommunikationsmaßnahmen in Web 2.0 basierten Communities aufgrund der rasanten Informationsausbreitung innerhalb des Netzwerks möglicherweise der Kontrolle durch das Unternehmen entziehen können.[58] Damit eng verbunden ist das Risiko, welches von der hohen Glaubwürdigkeit des Word-of-Mouth in der Community, und somit von der erhöhten Marktmacht der Nachfrager ausgeht.[59] Dadurch können (wahrgenommene) Mängel bezüglich des Leistungsangebotes sehr schnell zum Misserfolg einer Maßnahme und zu Imageschäden führen.[60]

Zwar werden die Umsetzungsmöglichkeiten der aus dem Alltag vertrauten Prinzipien von Nähe und Nachbarschaft als wesentlicher Vorteil von Metaversen angesehen;[61] die räumliche Nähe zwischen den Akteuren birgt jedoch auch die Gefahr unerwünschter Imageeffekte. So bestehen in dreidimensionalen Communities für den Nutzer praktisch keine Wechselbarrieren zwischen den Markenauftritten unterschiedlicher Unternehmen. Je nach räumlicher Platzierung besteht hier die Gefahr, dass der eigene Markenauftritt durch negative Spill-over-Effekte imageschädigender Fremdakteure überlagert wird oder aber die zu kommunizierende Markenidentität im Gesamtkontext verwässert wird.[62]

---

56 Vgl. Mezger/Sadrieh (2007), S. 74.
57 Vgl. Breuer/Küpers (2007), S. 26.
58 Vgl. Knappe/Kracklauer (2007), S. 79 ff. Als populäres Beispiel führen die Autoren den Fall der Strato AG, dem ehemals größten Webhoster Europas, an. Hier war der Kontrollverlust der entscheidende Auslöser einer schweren und nachhaltigen Krise.
59 Vgl. Wirtz (2001), S. 177.
60 Vgl. Knappe/Kracklauer (2007), S. 79.
61 Vgl. Breuer/Küpers (2007), S. 6.
62 Vgl. Breuer/Küpers (2007), S. 21: Vor diesem Hintergrund ist auch die Gefahr imageschädigender Attacken durch andere Community-Mitglieder zu berücksichtigen. So wurde bspw. der Markenauftritt von Mercedes-Benz in Second Life im April 2007 Opfer eines provokanten Angriffs durch einen Zusammenschluss mehrerer Avatare: Vgl. Stöcker (2007), S. 191.

Neben den angesprochen Spill-over-Effekten können jedoch auch Risiken von plötzlichen Image-Verlusten der Community als Ganzes ausgehen. In diesem Zusammenhang ist bspw. die in jüngster Zeit aufgekommene Diskussion um das Aufkommen von Kinderpornografie, antisemitischer Hetze, illegalen Glücksspiels und Produktpiraterie in der virtuellen 3D-Community Second Life zu nennen.[63] Diese Diskussion brachte auch eine weitere Gefahrenquelle derartiger Communities zum Vorschein. So sind die Gesetzesauslegung, die gerichtliche Zuständigkeit und der Gültigkeitsbereich der jeweiligen nationalen Rechtssprechung für den Schadensfall in virtuellen 3D-Communities noch nicht vollständig geregelt.[64] Prinzipiell finden neben den Allgemeinen Geschäftsbedingungen der jeweiligen Betreiber jedoch die Gesetze der physischen Realität auch in virtuellen Communities Anwendung.[65]

Schließlich lässt sich festhalten, dass die Maßnahmen der Markenpflege in virtuellen 3D-Communities als dynamischer Prozess verstanden werden müssen, die eine ständige Aktualisierung erfordern. Der Markenauftritt sollte zudem derart ausgestaltet sein, dass er den Community-Mitgliedern einen wahrgenommenen „3D-Mehrwert“ stiftet. Nur durch die Berücksichtigung dieser Faktoren ist es möglich, die Nutzer dauerhaft an die jeweilige Marke zu binden.[66] Die einfache Übertragung der Inhalte des klassischen Internetauftritts in dreidimensionale Online-Umgebungen und die mangelnde Aktualisierung der bereitgestellten Information, bergen hingegen die Gefahr hoher Image-Einbußen, da das Unternehmen und seine Marke(n) mit „Einfallslosigkeit“ und „Obsoletheit“ assoziiert werden.[67]

Abschließend kann konstatiert werden, dass die Markenpflege in virtuellen 3D-Communities eine große Herausforderung für das Marketing der Unternehmen darstellt. Durch eine adäquate Planung, eine durchdachte Umsetzung und eine perma-

---

63 Vgl. FAZ.NET (2007).

64 Vgl. Capital (2007), S. 25. Vgl. zum Online-Recht: www.computerwoche.de/it_strategien/it_management/596018/. In diesem Zusammenhang sind bspw. auch rechtliche Aspekte zum Diebstahl virtuellen Eigentums sowie von Vandalismus zu sehen: Vgl. Breuer/Küpers (2007), S. 21. Virtuelles Eigentum ist nach deutscher Rechtsprechung bislang nicht geschützt: Vgl. Capital (2007), S. 25. Die Verbreitung, der Erwerb und der Besitz von Kinderpornographie werden durch § 184 b des deutschen Strafgesetzbuches verboten. Dieser Paragraph greift auch dann, wenn nicht Kinder, sondern wirklichkeitsnahe Abbildungen von Kindern involviert sind: Vgl. FAZ.NET (2007).

65 Vgl. Lober (2007).

66 Vgl. Schmitz (2007), S. 17.

67 Vgl. Schmitz (2007), S. 14 f.

nente Optimierung der Maßnahmen lassen sich die damit verbundenen Risiken im Wesentlichen minimieren und die beachtlichen Chancen nutzen.

2.2.3 Aktuelle Vertreter virtueller 3D-Communities

Mittlerweile haben sich diverse virtuelle 3D-Communities etabliert, die sich in einer groben Untergliederung zu jeweils einer der folgenden drei Kategorien zuordnen lassen: Kampf- und Fantasy-orientierte Online-Rollenspiele, wirtschaftlich orientierte Rollenspiele und offene, sozial und kommerziell orientierte 3D-Communities.[68] Aufgrund der rasanten Entwicklungen wird im Folgenden lediglich eine Auswahl der bedeutendsten Vertreter der jeweiligen Kategorien vorgestellt und auf den Anspruch der Vollständigkeit verzichtet.

Fantasy-orientierten Online-Rollenspielen (wie bspw. *World of Warcraft (WoW))*[69] ist gemein, dass jeder Spieler ein Portefeuille an Merkmalseigenschaften besitzt, wobei sich die Ausprägungen dieser Eigenschaften im Laufe des meist stark reglementierten Spielfortgangs verändern und die Reputation eines Charakters determinieren.[70] Dabei wird der Spieler mit Aufgaben konfrontiert, zu deren Lösung er sich u. a. der Nutzung von gehandelten Gegenständen bedient.[71] Auf eine detaillierte Betrachtung derartiger Rollenspiele wird jedoch an dieser Stelle verzichtet, da sich die markenspezifische Kommunikation in diesen stark thematisch geprägten Spielen als überaus aufwendig erweist und in vielen Fällen das Einverständnis des Betreibers erfordert; zudem besteht das Problem von Anachronismen.[72] Auch die Ergebnisse einer im Jahr 2007 durchgeführten Online-Befragung von über 100 Marketingexperten sprechen für eine nur relativ geringe Eignung derartiger Rollenspiele für Marketingzwecke.[73]

---

68 Vgl. Breuer/Küpers (2007), S. 50: Die folgenden Darlegungen orientieren sich an der Kategorisierung der Autoren. Dabei lassen sich die beiden rollenspielbasierten Varianten unter dem Oberbegriff „Massively Multiplayer Online Role-Playing Game“ (MMORPG) zusammenfassen: Vgl. Thomas/Stammermann (2007), S. 159.

69 Vgl. www.worldofwarcraft.com. World of Warcraft wurde Blizzard Entertainment entwickelt und gilt als das erfolgreichste Online-Spiel seiner Gattung: Vgl. Hein (2008), S. 232.

70 Vgl. Breuer/Küpers (2007), S. 51.

71 Vgl. Knappe/Kracklauer (2007), S. 62 f.

72 Vgl. Breuer/Küpers (2007), S. 52.

73 Vgl. Thomas/Stammermann (2007), S. 87 ff.

Bei wirtschaftlich orientierten Online-Rollenspielen (z. B. *Eve online*) findet man zwar grundsätzlich ähnliche Prinzipien wie bei den kampforientierten Rollenspielen vor; die Reputation des Charakters wird hierbei jedoch in erster Linie durch materielle Aspekte determiniert.[74] Potenzielle Maßnahmen der Markenpflege sind bei dem Rollenspiel Eve online allerdings nur über die Kooperation mit dem Hersteller durchführbar.[75]

Bei den Vertretern sozial und kommerziell orientierter virtueller 3D-Communities (wie bspw. *Active Worlds* und *Second Life*) kommt der Kommunikation unter den Teilnehmern eine bedeutende Rolle zu.[76] Die für ein Spiel charakteristischen Merkmale wie bspw. die Vorgabe von Spielregeln treten hierbei zugunsten einer Adaption sozialer Handlungsleitlinien der tatsächlichen Lebensrealität zurück.[77] Dem grundsätzlich vorhandenen Potenzial von Active Worlds für die Zwecke der Markenpflege stehen jedoch auch Defizite, wie bspw. die unzureichenden Möglichkeiten zur Generierung individueller Inhalte, sowie nur relativ geringe graphische Darstellungsmöglichkeiten entgegen.[78]

Second Life wurde im Jahr 2003 von ihrer Betreiberfirma Linden Lab online gestellt und gilt aktuell als die wohl populärste, sozial und kommerziell orientierte virtuelle 3D-Community.[79] Die Gründe für das starke Wachstum in der Bekanntheit und in der Mitgliederanzahl sind dadurch zu erklären, dass die virtuelle Welt Second Life alle angesprochenen Kriterien in Form der thematischen Ungebundenheit, der Möglichkeit zur Erstellung stark individualisierter Inhalte durch die Nutzer sowie der marktwirtschaftlichen Prinzipien weitestgehend erfüllt.[80] Zudem ist auch die einfache Bedienung durch die Nutzer von Vorteil.[81] Das vielversprechende Potenzial von Second Life für die Online-Markenpflege der Unternehmen soll im Folgenden einer tieferen Betrachtung unterzogen werden.

---

[74] Vgl. Breuer/Küpers (2007), S. 53.
[75] Vgl. Breuer/Küpers (2007), S. 54.
[76] Vgl. Thomas/Stammemann (2007), S. 36; vgl. www.activeworlds.com; vgl. www.secondlife.com.
[77] Vgl. Fischer (2008), S. 213.
[78] Vgl. Breuer/Küpers (2007), S. 57.
[79] Vgl. Kollmann (2009), S. 14.
[80] Vgl. Breuer/Küpers (2007), S. 14.
[81] Vgl. Alby (2008), S. 179.

2.2.4 Das Potenzial von Second Life für die Online-Markenpflege

Vor der Analyse tiefgreifender ökonomischer und sozial-psychologischer Aspekte, die die Marktführerschaft von Second Life gegenüber vergleichbaren Wettbewerbern begründen,[82] ist es sinnvoll, zunächst einen Blick auf die wichtigsten Eckdaten dieser Community zu werfen. So sollte die genaue Analyse der potenziell zu erreichenden Zielgruppe jeder Marketingmaßnahme in Second Life vorausgehen.[83] Nach Angaben des Betreibers besitzt Second Life derzeit ca. 16.780.000 registrierte Nutzer (bzw. Avatare). Die virtuelle Fläche von Second Life hat sich seit dem Anfang des Jahres 2007 in etwa versechsfacht.[84] Diese Fläche setzt sich dabei aus einzelnen Parzellen (Regionen bzw. SIMS) zusammen. Eine Region umfasst 65536 qm virtuelle Festlandfläche oder auch eine isolierte Insel dieser Fläche. Der einmalig zu zahlende Anschaffungspreis für eine derartige Insel liegt momentan bei 1000 USD.[85] Die Preise der Festlandregionen werden hingegen variabel, mittels Auktionen bestimmt. Darüber hinaus sind weitere Gebühren für die Unterhaltung der eigenen Insel (Festlandregion) zu entrichten, die sich, bereinigt um den landesspezifischen Mehrwertsteuersatz des jeweiligen Inhabers, auf 295 (195) USD pro Monat belaufen. Um jedoch Land überhaupt besitzen zu können, ist eine Premium-Mitgliedschaft zwingend erforderlich, deren Kosten sich momentan auf weitere 72 USD pro Jahr belaufen.[86]

Eine besondere Stärke von Second Life ist darin zu sehen, dass hier die Prinzipien des Web 2.0, insbesondere der Aspekt des „user-generated-content" in außerordentlich hohem Maße integriert werden, wobei die Inhalte dabei von den Nutzern nicht nur generiert, sondern auch unter den Avataren gehandelt werden können.[87] Der Handel wird hierbei durch die lokale Währung „Linden-Dollar (L$)" ermöglicht, die von Linden Lab geschaffen, und über Mechanismen wie Anmeldeprämien,

---

[82] Vgl. Mertens (2007a), S. 8 ff. Der Autor entwickelt ein Metamodell, das u. a. die sozial-psychologischen Vorzüge von Second Life aufzeigt.

[83] Vgl. Fittkau/Renz (2007), S. 58 f.

[84] Die genannten Zahlen entstammen der Homepage von Second Life (www.secondlife.com), letzter Abruf Januar 2009.

[85] Dieser Wert erfährt noch einen Aufschlag um die Mehrwertsteuer des jeweiligen Landes.

[86] Grundsätzlich sind auch andere Zahlungsmodalitäten möglich: Vgl. www.secondlife.com/whatis/plans.php. Die oben angegebenen Daten zu Second Life beziehen sich auf Januar 2009.

[87] Vgl. Breuer/Küpers (2007), S. 15 ff.

Stipendien oder Bauaufträge in die Volkswirtschaft abgegeben wird.[88] Diese Währung kann in reale USD konvertiert werden, wobei der aktuelle Wechselkurs durch eine eigens bestehende Börse festgelegt wird.[89] Die Generierung von konvertierungsfähigem Einkommen können Avatare in Second Life prinzipiell durch die Herstellung und den anschließenden Verkauf von Inhalten, durch den Handel mit Land oder mit fremderstellten Inhalten, sowie durch das Angebot von Dienstleitungen erreichen.[90]

Die Darstellung der volkswirtschaftlichen Zusammenhänge verdeutlicht das konzeptionelle Anreizsystem von Second Life zur Nutzung und Weiterentwicklung der Community. Neben den bisher primär rationalen und ökonomischen Anreizen bestehen jedoch noch weitere, vornehmlich sozial-psychologische Aspekte, die die hohe Attraktivität von Second Life für potenzielle Konsumenten und somit auch für Unternehmen begründen. So weist Second Life entscheidende Attribute und Mechanismen in allen, der von *Mertens* aufgeführten Existenzsysteme (Wertschätzungssystem, Identifikations-System, Kommunikations-System und Teil-der-Welt-System) auf: So implementiert Second Life neben monetären Wertschöpfungsmechanismen, in Form der Zahlung von Linden Dollar für Dienstleistungen oder für die Übertragung virtueller Güter, auch die Möglichkeit der Wertschätzungsbekundung durch virtuelle Geld- oder Sachgeschenke; zudem besteht hier die Möglichkeit, die eigene Wertschätzung auch durch nonverbale Kommunikation (bspw. eine „in die Hände klatschen"-Animation) auszudrücken.[91] Die Identifikation mit dem eigenen Avatar wird in Second Life unterstützt, indem dieser sehr individuell gestaltet und angepasst werden kann.[92] Daneben bietet Second Life umfangreiche Optionen zur Kommunikation: Neben dem Text-Chat stehen hier Instant-Messaging, Voting-Mechanismen, Gestik- und Mimikanimationen und auch Voice over IP (VoIP) zur Verfügung.[93] Schließlich erlaubt Second Life eine weitreichende kreative Mitge-

---

[88] Vgl. Breuer/Küpers (2007), S. 17 f.
[89] Vgl. Radler (2006).
[90] Vgl. Breuer/Küpers (2007), S. 18; vgl. Radler (2006).
[91] Vgl. Mertens (2007a), S. 9 f.
[92] Vgl. Mertens (2007a), S. 9 f.
[93] Vgl. Mertens (2007a) S. 10.

staltung der Nutzer am Aufbau der Community, wobei sich diese sowohl individuell isoliert, als auch in Interaktion mit anderen Anwendern vollziehen kann.[94]

Trotz der zahlreichen, genannten Vorzüge von Second Life dürfen jedoch nicht die zweifellos bestehenden Schwächen dieser Community außer Acht gelassen werden. So muss die beachtliche Nutzerbasis und das rasante Wachstum von Second Life mit Vorbehalt behandelt werden. Aus einer im April und Mai 2007 von dem Hamburger Beratungs- und Marktforschungsinstitut Fittgau & Maaß durchgeführten Studie geht hervor, dass beinahe zwei Drittel der Besucher Second Life nach der erstmaligen Anwendung nicht weiter aktiv nutzen.[95] Darüber hinaus lässt sich festhalten, dass Second Life, als Single-Source-Produkt, alleine von der Firma Linden Lab betrieben wird, womit das Risiko des Verlusts bestehender Arbeitsergebnisse bei Auftritt technischer Probleme einhergeht.[96]

Im Rahmen der Planung von Markenpflege-Maßnahmen gilt es, die genannten Schwächen von Second Life gemeinsam mit den bereits dargestellten allgemeinen Risiken der Online-Markenpflege in virtuellen 3D-Communities zu berücksichtigen.

---

94 Vgl. Mertens (2007a), S. 10 f.

95 Vgl. Fittkau/Renz (2007), S. 58. Als aktive Nutzer wurden hierbei alle Personen verstanden, die Second Life mindestens einmal pro Woche nutzen.

96 Vgl. Breuer/Küpers (2007), S. 21.

3 Entwicklung eines Modells zur Wirkung der Markenpflege in virtuellen 3D-Communities auf die Kaufabsicht in der realen Welt

3.1 Erkenntnisbeitrag der Konsistenztheorien

3.1.1 Die Balancetheorie

Um den komplexen Zusammenhang zwischen den von den Maßnahmen der Markenpflege ausgehenden Effekten innerhalb des virtuellen Kontexts[97] auf verhaltensrelevante Konstrukte in der physischen Realität zu erklären, ist es zweckdienlich, die Erkenntnisse der Konsistenztheorien heranzuziehen.

Nach den Annahmen der Konsistenztheorien stehen die Einstellungsobjekte eines Individuums nicht in einem isolierten Verhältnis zueinander, sondern sind vielmehr auf vielfältige Art und Weise subjektiv verknüpft. Sie bilden damit ein kognitives System bzw. Einstellungssystem.[98] Diese kognitiven Strukturen können dabei in konsistente und inkonsistente Strukturen eingeteilt werden, wobei sich letztere, aufgrund von Spannungen innerhalb des Einstellungssystems, als instabil erweisen.[99] Nach dem homöostatischen Prinzip werden Inkonsistenzen durch (partiale) Einstellungsänderungen reduziert, da das Individuum in diesem Fall motiviert ist, ein stimmiges, harmonisches Verhältnis herzustellen.[100]

Aufbauend auf diesen Annahmen entwickelten zahlreiche Autoren Konsistenzmodelle, wobei der von *Heider* im Jahr 1946 veröffentlichten Balancetheorie eine historische Priorität zukommt.[101] Der Autor unterscheidet im Rahmen seiner Theorie zwischen Elementen, im Sinne von eigenständigen und voneinander differenzierbaren Bewusstseinsinhalten, und Relationen zwischen diesen Elementen, wobei er diese in Einheitsrelationen (unit-relations) und Wertrelationen (sentiment-relations)

---

97 Im Rahmen der vorliegenden Arbeit bezieht sich die Umschreibung „virtueller Kontext" im Folgenden auf diejenigen Kausalzusammenhänge, die innerhalb der virtuellen 3D-Community bestehen. Die Umschreibung „realer Kontext" bezieht sich dagegen auf diejenigen Kausalzusammenhänge, die in der physischen Realität existieren.

98 Vgl. Herkner (1993), S. 251.

99 Vgl. Herkner (1993), S. 251.

100 Vgl. Klauer (2006), S. 380.

101 Vgl. Herkner (1993), S. 252.

einteilt.[102] Eine positive (negative) Einheitsrelation zwischen zwei Elementen besteht dann, wenn diese in irgendeiner Art und Weise als sachlich zusammengehörig (verschiedenartig) wahrgenommen werden. Dem entgegen umfassen Wertrelationen wert- und gefühlsbezogene Verknüpfungen (bspw. lieben, hassen, schätzen, mögen).[103] Ein balancierter Zustand zwischen drei Elementen, wobei eines das bewertende Individuum ist, liegt nach *Heider* dann vor, wenn alle Relationen zwischen diesen Elementen positiv sind, oder aber wenn eine Relation positiv ist und zwei negativ sind. Alle anderen Konstellationen sind hingegen unbalanciert und erweisen sich als instabil.[104] Den Annahmen der Balancetheorie zufolge werden derartige Strukturen nun wieder in balancierte Formen überführt. Darüber hinaus vertritt die Balance Theorie die Annahme, dass unvollkommene Strukturen so ergänzt werden, dass auch hier eine Balance geschaffen wird.[105] Die Theorie von *Heider* wurde aufgrund experimenteller Daten hinreichend gestützt;[106] sie weist jedoch auch Schwächen auf. So liefert die Theorie u. a. keine Aussagen bezüglich der genauen Art und Weise, in der sich die Widerherstellung der Balance vollzieht.[107]

Vor diesem Hintergrund wurde die Balancetheorie von diversen Autoren weiterentwickelt,[108] wobei der von *Festinger* im Jahr 1957 veröffentlichten Theorie der kognitiven Dissonanz eine außerordentliche Bedeutung zukommt. In der Literatur finden sich zahlreiche empirische Untersuchungen zu der Theorie von *Festinger*, die deren besondere Stellung innerhalb der Konsistenztheorien verdeutlichen.[109]

3.1.2 Die Theorie der kognitiven Dissonanz

Den Ausgangspunkt der Theorie der kognitiven Dissonanz bilden Kognitionen, die *Festinger* als irgendeine Kenntnis, Meinung oder Überzeugung von der Umwelt, von

---

[102] Vgl. Herkner (1993), S. 252.
[103] Vgl. Dean (2002), S. 79; vgl. Herkner (1993), S. 252; vgl. Stahlberg/Frey (1997), S. 215.
[104] Vgl. Klauer (2006), S. 382.
[105] Vgl. Klauer (2006), S. S. 382.
[106] Vgl. Müller (2005), S. 13.
[107] Vgl. Herkner (1993), S. 255.
[108] So spezifizieren Osgood/Tannenbaum mit ihrer Kongruitätstheorie die Balancetheorie, indem sie neben den Richtungen nun auch die Intensitäten der jeweiligen Relationen zwischen den Elementen berücksichtigt: Vgl. Osgood/Tannenbaum (1955), S. 42. ff.; vgl. Fischer/Wiswede (2002), S. 239. Zu diesem Zweck werden die Einstellungsintensitäten anhand von Rating-Skalen mit Ausprägungen von -3 bis +3 erhoben: Vgl. Herkner (1993), S. 260.
[109] Vgl. Schanz (1977), S. 137; vgl. Fischer/Wiswede (2002), S. 225.

sich selbst oder von dem eigenen Verhalten begreift.[110] Dabei wird unterstellt, dass zwischen den Kognitionen einer Person mehr oder weniger zahlreiche und intensive Relationen existieren, die sich in ihrer Gesamtheit zu einem kognitiven System zusammensetzen.[111] Die zentrale Aussage der Theorie der kognitiven Dissonanz lässt sich vor diesem Hintergrund folgendermaßen formulieren: Stehen einzelne Einstellungen untereinander bzw. einzelne Komponenten einer einzelnen Einstellung oder auch einzelne Handlungen und Einstellungen in einem disharmonischen Verhältnis (Dissonanz), „[...] so ist das Individuum bestrebt, durch Veränderung von Einstellungen bzw. Einstellungskomponenten das System in einen Gleichgewichtszustand zu überführen".[112]

Dissonanzen, im Sinne von aversiven, unangenehmen bzw. gespannten Zuständen, können sich u. a. aufgrund von kognitiven Konflikten zwischen Verhalten und Wissen bilden oder infolge logischer Inkonsistenzen entstehen (bspw. nutzt das Individuum eine prestigeträchtige Marke aufgrund der damit verbundenen sozial demonstrativen Wirkung innerhalb der virtuellen 3D-Community, lehnt diese Marke im realen Kontext jedoch strikt ab).[113] Darüber hinaus können kognitive Dissonanzen auch entstehen, wenn die vergangene Einstellungshaltung nicht mit der momentan vertretenen Meinung des Individuums vereinbar ist (bspw. steht der positiven Einstellung gegenüber dem Kauf der Marke in der vergangenen Woche nunmehr eine negative Einstellung entgegen).[114]

Während die ursprüngliche Theorie der kognitiven Dissonanz die Entstehung von kognitiven Dissonanzen jedoch vorwiegend auf einstellungsdiskrepantes Verhalten zurückführt,[115] betonen diverse Autoren, dass sich Dissonanzen auch bereits ex ante, d. h. vor der tatsächlichen Handlung, aufgrund der mit der Handlung assoziierten Konsequenzen bilden können. Vor diesem Hintergrund ist insbesondere die Modifikation der Theorie der kognitiven Dissonanz nach *Irle* im Jahr 1975 von

---

110 Vgl. Festinger (1978), S. 17.
111 Vgl. Raab/Unger (2005), S. 42.
112 Böcker (1996), S. 172.
113 Vgl. Güttler (2003), S. 228 f.
114 Vgl. Güttler (2003), S. 228; vgl. Carrier (1989), S. 144.
115 Vgl. Herkner, (1993), S. 265.

Bedeutung.[116] Nach dem Autor werden Handlungen nur als hinreichende, keineswegs notwendige Bedingung für die Entstehung von kognitiven Dissonanzen betrachtet.[117]

In Bezug auf das Untersuchungsziel der vorliegenden Studie liefern die dargelegten Erkenntnisse der Konsistenztheorien, und insbesondere der Theorie der kognitiven Dissonanz, Ansatzpunkte für die Vermutung, dass Einstellungsänderungen innerhalb des virtuellen Kontexts auch zu Einstellungsänderungen innerhalb des realen Kontexts führen, sofern die jeweiligen Einstellungsobjekte für das Individuum in einem kognitiven Zusammenhang stehen.

Um diese Aussagen weiter präzisieren zu können, ist es notwendig sich im Folgenden näher mit der Konzeptionalisierung des Einstellungskonstrukts zu beschäftigen. Zur Erklärung des Einstellungs-Verhaltens-Zusammenhangs leisten die von *Ajzen/Fishbein* entwickelte Theorie des überlegten Handelns und deren Modifikationen einen erheblichen Beitrag.

3.2 Erkenntnisbeitrag der Einstellungs-Verhaltens-Modelle

3.2.1 Das Erwartungs-x-Wert Modell nach Fishbein

In der Literatur herrscht keine einvernehmliche Meinung über die inhaltliche Konzeptionalisierung des Einstellungskonstrukts.[118] Die größte Beachtung entsprechender Konzeptionalisierungsversuche fanden die im Jahr 1960 von *Hovland/Rosenberg* vorgeschlagene Drei-Komponenten-Theorie und der im Jahr 1928 von *Thurstone* veröffentlichte eindimensionale Ansatz.[119] Im Rahmen der Drei-Komponenten-Theorie werden Einstellungen als eine Kombination aus kognitiven, affektiven und konativen Reaktionen auf ein bestimmtes Objekt aufgefasst.[120] Aufgrund zu vermutender Verflechtungen zwischen den einzelnen Komponenten und der daraus resultierenden Erhebungsproblematik wurde das Modell in der Literatur allerdings

---

116 Vgl. Irle (1975).
117 Vgl. Raab/Unger (2005), S. 42.
118 Vgl. Regier (2007), S. 26 ff.
119 Vgl. Regier (2007), S. 26; vgl. Braunstein (2001), S. 96.
120 Vgl. Regier (2007), S. 26; vgl. Hovland/Rosenberg (1960), S. 198 ff.

häufig kritisiert.[121] Vor dem Hintergrund dieser Kritik erfolgte die Forderung nach einer eindimensionalen, ausschließlich affektiven Messung der Einstellung im Sinne *Thurstones*[122]. Dieser Auffassung wird auch im Rahmen der vorliegenden Studie gefolgt.

Der in der Literatur geläufigste, eindimensionale Ansatz zur Erklärung der Bildung von Einstellungen, stellt das Erwartungs-x-Wert-Modell nach *Fishbein* dar.[123] Dieses Modell kann strukturell zu den multiattributiven Einstellungstheorien gezählt werden.[124] Die Einstellung zu einem Objekt setzt sich bei diesem kompositionellen Ansatz aus einer Menge von objektbezogen Eindruckswerten zusammen,[125] „[...] die, entsprechend einer dem Konsumenten unterstellten Algebra, zu einem eindimensionalen Einstellungswert verrechnet werden“.[126] Somit stellt die Einstellung einer Person zu einem bestimmten Objekt (z. B. einer bestimmten Marke) eine Funktion der subjektiven Bewertung, der mit diesem Objekt assoziierten Eigenschaften und der Überzeugung, dass das Einstellungsobjekt diese Eigenschaften auch tatsächlich aufweist, dar.[127] Dabei werden zur Einstellungsbildung jedoch nur wenige sogenannte saliente Überzeugungen herangezogen.[128] Nach *Fishbein* ergibt sich die Einstellung schließlich als Erwartungs-x-Wert-Produkte aller Eigenschaften.[129] Formal lässt sich dieser Zusammenhang folgendermaßen darstellen:[130]

$$E_j = \sum_{i=1}^{n} B_i a_i \,. \tag{3.1}$$

Dabei bedeuten:

E_j = Einstellung gegenüber dem Einstellungsobjekt j

B_i = Überzeugung, dass das Objekt j das Merkmal i aufweist

a_i = Subjektive Bewertung des Merkmals i

n = Anzahl der Überzeugungen/relevanten Merkmale.

---

121 Vgl. Schumann (2001), S. 11 f.
122 Vgl. Huber (2005), S. 60.
123 Vgl. Meffert (2000), S. 121.
124 Vgl. Zins (2003), S. 59.
125 Das Modell wird den kompositionellen Ansätzen zugeordnet, da sich die Einstellung als Folge mehrerer Teilurteile ergibt: Vgl. Einwiller (2003), S. 68 f.
126 Pütz (2007), S. 30.
127 Vgl. Einwiller (2003), S. 68.
128 Vgl. Ajzen/Fishbein (1980), S. 63.
129 Vgl. Einwiller (2003), S. 68.
130 Vgl. Magin (2004), S. 24; vgl. Fishbein (1967), S. 489; vgl. Benkenstein (2001), S. 40.

Die Relevanz der Einstellung als Verhaltensprädiktor wird in der Literatur allerdings nicht einheitlich bestätigt. Zahlreiche empirische Forschungsarbeiten lieferten widersprüchliche Ergebnisse, womit die Prognosezuverlässigkeit des Einstellungskonstruktes in Frage gestellt wurde.[131]

Daher richteten sich in den 70er Jahren zahlreiche Forschungsaktivitäten auf die Untersuchung der Bedingungen, unter denen das Einstellungskonstrukt für eine aussagekräftige Verhaltensprognose herangezogen werden kann. Die damalige Diskussion mündete in dem von *Ajzen/Fishbein* formulierten Korrespondenzprinzip.[132] Diesem Prinzip zufolge kann die Einstellung nur dann als geeigneter Verhaltensprädiktor herangezogen werden, wenn die Indikatoren zur Messung der beiden Konstrukte hinsichtlich Handlungs-, Ziel-, Kontext- und Zeitaspekten ein vergleichbares Spezifikationsniveau aufweisen.[133] *Eagly/Chaiken* konstatieren in diesem Zusammenhang: "Most clearly, response to an inquiry about an attitude toward a specific behavior directed toward a given target in a given context at a given time should predict the specific behavior quite well because this attitude exactly corresponds to the specific behaviour".[134] Die Korrespondenzhypothese wurde u. a. auch durch die Erkenntnisse einer von *Eckes/Six* durchgeführten Metaanalyse gestützt.[135]

Vor diesem Hintergrund wurden die im Erwartungs-x-Wert-Modell postulierten Zusammenhänge von *Ajzen/Fishbein* abgewandelt, so dass die Autoren nun nicht mehr davon ausgehen, dass das Verhalten durch die Einstellung zu einem Objekt, sondern vielmehr durch die Einstellung bezüglich dieses Verhaltens selbst vorhergesagt werden kann.[136] Mit der von *Ajzen/Fishbein* entwickelten Theorie des überlegten Handelns (Theory of Reasoned Action (TRA)) entstand damit ein theoretisch

---

131 Vgl. Funk (2005), S. 77. So konnte Wicker in einer Metaanalyse von 46 Einzeluntersuchungen nur eine relativ schwache Korrelation zwischen der Einstellung und dem Verhalten feststellen: Vgl. Wicker (1969), S. 41 ff. Zudem belegen die Experimente von LaPiere, dass der Kausalzusammenhang dieser beiden Konstrukte hinter den damaligen Erartungen zahlreicher Wissenschaftler zurückblieb: Vgl. Krech et al. (1997), S. 33 ff.

132 Vgl. Ajzen Fishbein (1977), S. 889 ff.

133 Vgl. Ajzen Fishbein (1977), S. 889 ff; vgl. Regier (2007), S. 32.

134 Eagly/Chaiken (1993), S. 267.

135 Vgl. Eckes/Six (1994), S. 262 f.

136 Vgl. Regier (2007), S. 33; vgl. Einwiller (2003), S. 69; vgl. Schmitt (2005), S. 157.

und empirisch fundiertes Einstellungs-Verhaltens-Modell, dass mittlerweile eine außerordentliche Popularität erlangt hat.[137]

3.2.2 Die Theorie des überlegten Handelns

Die Theorie des überlegten Handelns konkretisiert den Wirkungszusammenhang zwischen Einstellung und Verhalten.[138] Sie wurde anhand einer Vielzahl von Untersuchungen empirisch überprüft, wobei ihr eine hohe Prognosegüte bescheinigt werden konnte.[139]

Da das tatsächliche Verhalten, wie im vorherigen Kapitel beschrieben, nur zu einem bestimmten Grad durch die Einstellung prognostiziert werden kann, werden bei der Theorie des überlegten Handelns zusätzliche Variablen integriert.[140] Die Grundformulierung dieser Theorie fokussiert dabei auf die Kausalbeziehungen zwischen Ansichten (beliefs), der Einstellung gegenüber dem Verhalten (attitude), der Verhaltensabsicht (intention) und dem tatsächlichen Verhalten. In diesem Zusammenhang stellt die Verhaltensabsicht, im Sinne der subjektiv wahrgenommenen Wahrscheinlichkeit in einer bestimmten Art und Weise zu handeln,[141] die einzige unmittelbare Determinante des Verhaltens dar.[142] Die Verhaltensabsicht wird ihrerseits durch die Einstellung gegenüber dem Verhalten und durch die subjektive Norm beeinflusst. Dabei zielt die Einstellung zum Verhalten auf die affektive Bewertung des Ausübens einer bestimmten Handlung und kann folgendermaßen abgebildet werden: „[Attitude toward a specific behaviour can be described as a] function of one's beliefs that performing the behavior [...] will lead to various outcomes and the evaluative aspects of those beliefs (i. e., the evaluations of outcomes)".[143] Je positiver die Einstellung einer Person gegenüber einem bestimmten Verhalten ausfällt, desto stärker ist demnach ihre Absicht, dieses Verhalten auch tatsächlich zu zeigen. Die subjektive Norm beruht ihrerseits auch auf einer Funktion von Überzeugungen und Bewertungen.[144]

---

137 Vgl. Magin (2004), S. 27; vgl. Fischer/Wiswede (2002), S. 262.
138 Vgl. Braunstein (2001), S. 106.
139 Vgl. zu den Ergebnissen einer Metaanalyse zur Theorie des überlegten Handelns: Sheppard/Hartwick/Warshaw (1988), S. 338 ff.
140 Vgl. Fassott (2007), S. 37.
141 Liebe (2007), S. 68.
142 Vgl. Fassott (2007), S. 37.
143 Albarracín et al. (2001), S. 143.
144 Vgl. Kunz (2005), S. 121.

Dieses Konstrukt erfasst den individuell wahrgenommenen sozialen Umgebungsdruck, ein bestimmtes Verhalten zu zeigen oder zu unterlassen und setzt sich aus zwei Komponenten zusammen: Die erste Komponente besteht in den (vermeintlichen) Verhaltensvorschriften bzw. den Erwartungshaltungen relevanter Bezugspersonen. Die zweite Komponente bildet die Motivation des Individuums, diesen Erwartungshaltungen auch gerecht zu werden.[145]

Die beschriebenen Zusammenhänge des Kernmodells der Theorie des überlegten Handelns werden in *Abbildung 3.1* zusammengefasst:

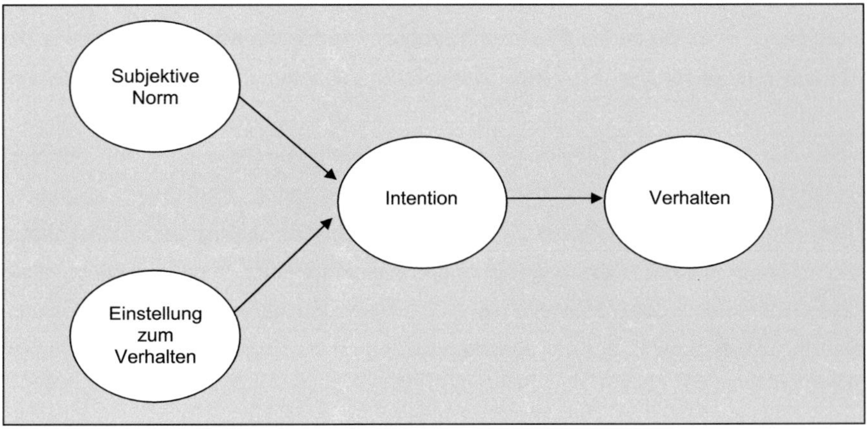

Abbildung 3.1: Kernmodell der Theorie des überlegten Handelns[146]

Formal lässt sich ein bestimmtes Verhalten nach diesem Modell dabei folgendermaßen darstellen:[147]

$$B \sim BI = \sum_{i=1}^{n} B_i a_i(w_0) + \sum_{j=1}^{k} NB_j MC_j(w_1)\,, \tag{3.2}$$

145 Vgl. Fassott (2007), S. 37.
146 Eigene Darstellung in Anlehnung an Ajzen/Fishbein (1980), S. 302; Eagly/Chaiken (1993), S. 179; Bentler/Speckart (1979), S. 454.
147 Vgl. Ajzen/Fishbein (1975), S. 301; vgl. Foscht (2002), S. 119.

Dabei bedeuten:

B = Tatsächliches Verhalten

BI = Verhaltensintention

B_i = Überzeugung, dass ein Verhalten zu einem Ereignis i führt

a_i = Subjektive Bewertung des Ereignisses i

NB_j = Überzeugung, dass die relevante Bezugsperson j das Verhalten erwartet

MC_j = Motivation, den Erwartungen der Bezugsperson j zu entsprechen

w_0, w_1 = Empirisch bestimmte, standardisierte Regressionskoeffizienten

k = Anzahl relevanter Bezugspersonen oder -gruppen

n = Anzahl salienter Ereignisse.

Die Theorie des überlegten Handelns wurde in der Wissenschaft hauptsächlich aufgrund der zugrundeliegenden Prämisse kritisiert, dass ausschließlich solche Verhaltensweisen berücksichtigt werden, die der eigenen willentlichen Steuerung und Kontrolle unterliegen.[148] Um eine bessere Erklärung des Kausalzusammenhangs zwischen Verhaltensintention und tatsächlichem Verhalten zu gewährleisten, wurde die Theorie des überlegten Handelns von *Ajzen/Fishbein* daher modifiziert. Die im Jahr 1991 veröffentlichte Theorie des geplanten Verhaltens (Theory of Planned Behavior (TPB)) berücksichtigt nun zudem die Variable der wahrgenommen Verhaltenskontrolle, um auch Situationen untersuchen zu können, „[…] in which people may lack complete volitional control over the behavior of interest".[149] In diesem Zusammenhang führt *Ajzen* u. a. das Bespiel einer Bewerbung für eine Stelle an, dessen Ausgang nicht allein von der Intention und dem Handeln des Bewerbers, sondern ebenfalls von den Handlungen weiterer Personen determiniert wird.[150]

Das Zielkonstrukt der vorliegenden Studie besteht in der Kaufabsicht der Konsumenten in Bezug auf die Produkte einer bestimmten Marke. In diesem Zusammenhang ist davon auszugehen, dass die wahrgenommene Verhaltenskontrolle aus Sicht des Individuums im Allgemeinen lediglich in Form wahrgenommener finanzieller Restriktionen besteht. Der Einfluss wahrgenommener monetärer Beschränkungen auf die Markenwahl steht jedoch nicht im Fokus der vorliegenden Studie. Hinsichtlich der Kausalbeziehungen, die sich auf den Kontext innerhalb der virtuellen Community

148 Vgl. Regier (2007), S. 38.
149 Ajzen (2002b), S. 2.
150 Vgl. Ajzen (2002b), S. 2.

beziehen, verspricht die Betrachtung des Einflusses der wahrgenommenen Verhaltenskontrolle darüber hinaus keine weitere Verbesserung der Erklärungskraft des Modells, da die Handlungsmöglichkeiten im virtuellen Raum keinen wesentlichen Beschränkungen unterliegen. Daher wird die Theorie des überlegten Handelns, und nicht die Theorie des geplanten Verhaltens, als Basis für die Entwicklung eines Modells zur Erklärung der Wirkung der Markenpflege in virtuellen 3D-Communities auf die Kaufabsicht in der realen Welt herangezogen. Um dem spezifischen Untersuchungsziel der vorliegenden Studie gerecht zu werden, ist es jedoch zunächst notwendig, die Theorie des überlegten Handelns einer geeigneten Modifikation zu unterziehen und die bisher postulierten Kausalzusammenhänge näher zu konkretisieren.

3.3 Untersuchungszielgeleitete Modifizierung der Theorie des überlegten Handelns auf Basis der Konsistenztheorien

Im Folgenden soll die Theorie von *Ajzen/Fishbein* zunächst geeignet erweitert werden um die Verhaltensvorhersage des Modells zu optimieren. Im Anschluss daran erfährt das Modell, unter Berücksichtigung der aufgeführten Erkenntnisse der Dissonanztheorien, eine Modifikation, die es erlaubt, die Verknüpfung zwischen den Wirkungskomplexen innerhalb des virtuellen und des realen Raums hinreichend zu erklären.

Ajzen/Fishbein begründen die Vorteile der Berücksichtigung der Einstellung zum Verhalten anstelle des objektbezogenen Einstellungskonstrukts anhand des beschriebenen Korrespondenzprinzips. Empirische Studien belegen jedoch, dass die Eignung des Modells zur Prognose der Verhaltensintention durch die zusätzliche Integration des objektbezogenen Einstellungskonstrukts als modellimmanente Komponente verbessert werden kann,[151] weshalb diese Variable auch im Rahmen der vorliegenden Studie eine entsprechende Berücksichtigung finden soll. Die Integration der Einstellung gegenüber dem Objekt orientiert sich dabei an den Erkenntnissen von *Eagly/Chaiken*. Laut den Autoren lässt sich das Verhalten auf mehrere Quellen zurückführen: „Activation of habits, attitudes toward targets, and three classes of

[151] Vgl. Morrison et al. (1996), S. 1658; vgl. Jaccard/Davidson (1975), S. 497 ff.

anticipated outcomes of behavior (utilitarian, normative, and self-identity)".[152] Die Autoren postulieren dabei einen zweistufigen, sequentiellen[153] Einfluss der Einstellung gegenüber einem Objekt (attitude toward a target) über die Einstellung zum Verhalten auf das Verhalten.[154] Diesen Erkenntnissen wird auch im Rahmen der vorliegenden Studie gefolgt. Nach der Integration der Einstellung zum Objekt als Determinante der Einstellung zum Verhalten, im Sinne von *Eagly/Chaiken,* in die Theorie des überlegten Handelns ergeben sich die in *Abbildung 3.2* visualisierten Kausalzusammenhänge.

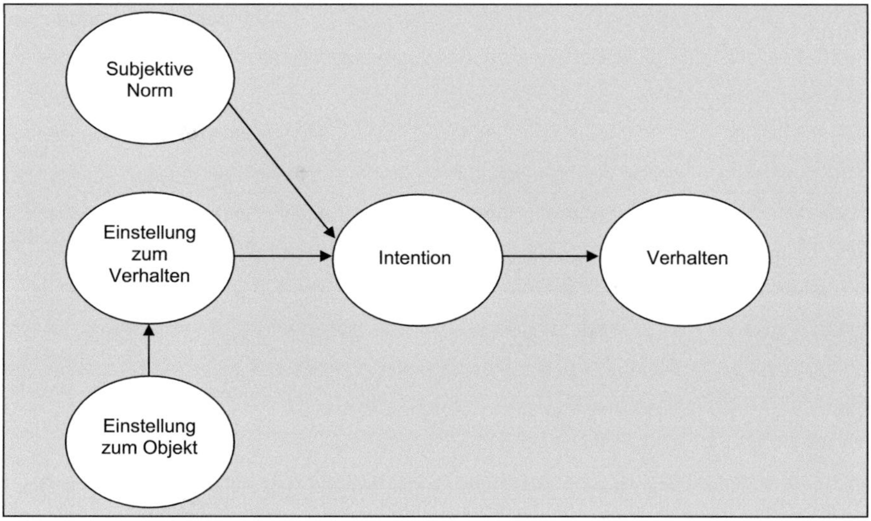

Abbildung 3.2: Integration des objektbezogenen Einstellungskonstrukts in die Theorie des überlegten Handelns[155]

Nachdem die Theorie des überlegten Handelns nun eine geeignete Erweiterung erfahren hat, gilt es in einem nächsten Schritt, das Modell an die spezifische Situation der vorliegenden Untersuchung anzupassen.

---

152 Eagly/Chaiken (1993), S. 209.
153 Vgl. Eagly/Chaiken (1993), S. 209.
154 Vgl. Regier (2007), S. 40 f.; vgl. Magin (2004), S. 35; vgl. Eagly/Chaiken (1993), S. 202 ff.
155 Eigene Darstellung in Anlehnung an Regier (2007), S. 42; Foscht (2002), S. 119; Eagly/Chaiken (1993), S. 209.

Besteht das Forschungsinteresse nun, wie im vorliegenden Fall, darin, die Kaufabsicht der Konsumenten bezüglich der Produkte oder Dienstleitungen bestimmter Unternehmen durch die Wirkungen der Markenpflege in virtuellen 3D-Communities zu erklären, so erfordert dies eine Verknüpfung der verhaltensrelevanten Kausalzusammenhänge innerhalb der physischen Realität mit den Kausalbeziehungen, die innerhalb der virtuellen Community bestehen. Dabei folgt die trennscharfe Betrachtung der unterschiedlichen Wirkungskomplexe den Aussagen des angeführten Korrespondenzprinzips.[156] Aufgrund der unterschiedlichen Kontextbezüge wäre es an dieser Stelle nicht sinnvoll, den Einfluss der in der virtuellen 3D-Community wahrgenommenen sozialen Norm bzw. die Einstellung zu einem bestimmten „virtuellen“ Verhalten als direkte Determinanten der Verhaltensabsicht in der realen Welt zu untersuchen.

Dabei können die bisherigen Erkenntnisse durchaus auf die Gegebenheiten innerhalb der virtuellen 3D-Community übertragen werden. So ist es denkbar, dass sich die Einstellung des Nutzers gegenüber einem virtuellen Einstellungsobjekt (z. B. virtueller Markenauftritt) auf dessen Einstellung gegenüber einem bestimmten virtuellen Verhalten (z. B. Kauf der Marke in der virtuellen 3D-Community) auswirkt. Zudem ist das Individuum auch in der virtuellen Community Teil eines sozialen Gefüges und als solches einer subjektiven Norm ausgesetzt.

Es stellt sich nun jedoch zum einen die Frage, welche Variablen einen wesentlichen Beitrag zur Klärung der Untersuchungsfrage leisten und daher im Untersuchungsmodell der vorliegenden Studie berücksichtigt werden sollen. Zum anderen gilt es zu klären, welche Konstrukte sich als potenzielle Schnittstellen für die Verknüpfung der Wirkungszusammenhänge des virtuellen und realen Kontexts anbieten.

Nach der Theorie des überlegten Handelns kann die Verhaltensabsicht als Bestimmungsfaktor für das tatsächliche Verhalten herangezogen werden.[157] Bei einer einfachen Übertragung der bisherigen Aussagen, wäre es somit auch im virtuellen Kontext hinreichend, die Verhaltensintention und nicht das tatsächliche Verhalten zu berücksichtigen. Das Ziel der vorliegenden Studie besteht jedoch nicht darin, die

---

156 Vgl. Ajzen/Fishbein (1977), S. 889 ff.
157 Vgl. Regier (2007), S. 34 f.

Verhaltensabsicht im virtuellen Kontext zu erklären. Die Berücksichtigung dieses Konstrukts könnte demnach nur durch einen wesentlichen Beitrag zur Erklärung der Kaufabsicht in der realen Welt gerechtfertigt werden. Mit anderen Worten ausgedrückt wäre die Intention, ein bestimmtes Verhalten in der virtuellen 3D-Community zu zeigen, nur dann für die Ziele der vorliegenden Untersuchung von Interesse, wenn diese Variable einen wesentlichen Verknüpfungspunkt zwischen den Wirkungskomplexen innerhalb der virtuellen Community und denen der realen Welt darstellen würde. Aufgrund der Erkenntnisse der aufgeführten Konsistenztheorien wird allerdings deutlich, dass auf die Erhebung der Intention, ein virtuelles Verhalten zu zeigen, ebenfalls verzichtet werden kann. So lässt sich nach der Dissonanztheorie konstatieren, dass bereits die beiden oben aufgeführten, der Verhaltensintention vorgelagerten, Einstellungskonstrukte derartige Verknüpfungspunkte darstellen können.

Nach den Aussagen der Dissonanztheorie würde eine positive Einstellung zum Kauf der Marke in der virtuellen Community bei einer gleichzeitigen negativen Einstellung zum Kauf der Marke in der physischen Realität, aufgrund der damit verbundenen logischen Inkonsistenz, zu einem wahrnehmbaren disharmonischen Verhältnis führen.[158] Das Individuum wäre infolge dessen motiviert, diese kognitive Dissonanz durch die Anpassung seiner Einstellung zum Verhalten in der virtuellen 3D-Community oder der realen Welt zu reduzieren.[159] Neben dem hier angeführten Beispiel für die kausale Verknüpfung der beiden verhaltensbezogenen Einstellungskonstrukte lässt sich der kontextübergreifende Wirkungszusammenhang zwischen zwei objektbezogenen Einstellungskonstrukten analog begründen. Dieser Zusammenhang lässt sich zudem mit potenziellen Spill-over-Effekten von dem virtuellen Objekt auf das Objekt in der physischen Realität begründen.[160] So stellt das virtuelle Objekt (z. B. der virtuelle Markenauftritt) „[...] einen Hebel dar, mit dem die Ansprache der Zielgruppe in der physischen Realität optimiert wird, zum Beispiel, indem die Marke

---

158 Vgl. Güttler (2003), S. 228; vgl. Carrier (1989), S. 144.

159 Vgl. Böcker (1996), S. 172.

160 Der Begriff „Spill-over-Effekt“ findet sich häufig in der Literatur zum Markentransfer und Co-Branding. Die Vorteile positiver Spill-over- oder Ausstrahlungs-Effekte werden in diesem Zusammenhang in Form des gegenseitigen Imagetransfers und der Nutzung eines der Partnermarke entgegengebrachten Vertrauensbonusses betrachtet: Vgl. Albers/Herrmann (2007), S. 147.

allein mit der Tatsache, dass die Kampagne virtuelle Welten umfasst, aufgeladen wird".[161]

Weiter kann konstatiert werden, dass sich das Konstrukt der subjektiven Norm im Rahmen der vorliegenden Untersuchung als unplausibler Verknüpfungspunkt zwischen den Wirkungskomplexen innerhalb der virtuellen 3D-Community und den verhaltensrelevanten Kausalzusammenhängen in der physischen Realität erweist. Den Einfluss der subjektiven Norm auf die Wahl einer bestimmten Kleidungsmarke in der realen Welt konnte *Magin* in ihrer Studie bereits empirisch bestätigen.[162] Da nun die Berücksichtigung des Konstrukts der subjektiven Norm in der realen Welt im Rahmen dieser Studie weder durch einen grundlegenden Erkenntnisbeitrag für die Marketingforschung, noch durch einen wesentlichen Beitrag zur Erklärung der Wirkung der Markenpflege in virtuellen 3D-Communities gerechtfertigt werden kann, soll der Einfluss dieser Variablen in der vorliegenden Studie keine weitere Beachtung finden.

Zur Wirkung der subjektiven Norm innerhalb einer virtuellen 3D-Community liegen bisher noch keine empirisch gestützten Forschungsergebnisse vor. Vor dem Hintergrund der Erkenntnisse der Brand Community-Forschung kann jedoch von einem erheblichen Einfluss der wahrgenommenen sozialen Norm innerhalb des virtuellen Kontexts ausgegangen werden. So bieten virtuelle 3D-Communities ihren Nutzern i. d. R. zwar erhebliche Interaktions- und Kommunikationsmöglichkeiten;[163] dennoch sind diese Umgangsformen im Gegensatz zu denen des realen Lebens noch relativ eingeschränkt und anonym.[164] Daher nimmt die Marke als soziales Symbol, Medium zur Selbstartikulation und als vertrauenstiftendes Instrument in virtuellen 3D-Communities eine wichtige Rolle ein. Durch das gemeinsame Bekenntnis zu einer Marke wird dem Nutzer der Community das Gefühl vermittelt, „[...] andere Mitglieder auf eine gewisse Art und Weise zu kennen, obgleich er sie noch nie gesehen hat".[165] Die Einstellung zu einer bestimmten Marke bzw. deren virtuelle Nutzung stellt damit ein bedeutendes Kriterium der sozialen Identität und der sozialen Bewertung innerhalb des virtuellen Kontexts dar. Daher ist davon auszugehen, dass die Community-

---

161 Breuer/Küpers (2007), S. 24.
162 Vgl. Magin (2004), S. 199 ff.
163 Vgl. Mertens (2007a), S. 8 ff.
164 Vgl. Fischer/Neumann (2003), S. 102.
165 Von Loewenfeld (2006), S. 92.

Nutzer in Bezug auf Handlungen, die mit einer bestimmten Marke in Verbindung stehen, eine hohe Sensibilität für soziale Hinweisreize aufweisen. Da vor diesem Hintergrund die Berücksichtigung des Einflusses der Variablen „Subjektive Norm in der virtuellen 3D-Community“ sinnvoll erscheint, soll deren Beitrag zur Erklärung der Wirkung der Online-Markenpflege im Rahmen dieser Studie näher untersucht werden.

Die Theorie des überlegten Handels unterstellt, wie bereits beschrieben, einen Einfluss der subjektiven Norm auf die Verhaltensintention eines Individuums. In der späteren Formulierung der Theorie des geplanten Verhaltens werden jedoch zudem Wechselwirkungen zwischen der subjektiven Norm und dem verhaltensbezogenen Einstellungskonstrukt angenommen.[166] Der Einfluss der subjektiven Norm auf das verhaltensbezogene Einstellungskonstrukt konnte dabei bereits in diversen Studien empirisch bestätigt werden.[167]

Da nun die Intention, ein bestimmtes Verhalten in der virtuellen Community zu zeigen, nicht Gegenstand der vorliegenden Untersuchung ist, soll es im Folgenden genügen, die angeführte Wirkung der wahrgenommenen sozialen Norm auf die Einstellung zum Verhalten innerhalb des virtuellen Kontexts näher zu untersuchen. *Abbildung 3.3* fasst die Aussagen dieses Kapitels noch einmal in einer Übersicht zusammen:

[166] Vgl. Herkner (1993), S. 220. Da der wesentliche Unterschied zwischen der TRA und der TPB allerdings in der Berücksichtigung der wahrgenommen Verhaltenskontrolle im Rahmen der TPB zu sehen ist, soll auch im weiteren Verlauf dieser Arbeit die TRA als theoretische Grundlage zur Konzeptionalisierung des Untersuchungsmodells angesehen werden.

[167] Vgl. Glitsch (2003), S. 49; vgl. Aberg (1993), S. 293.

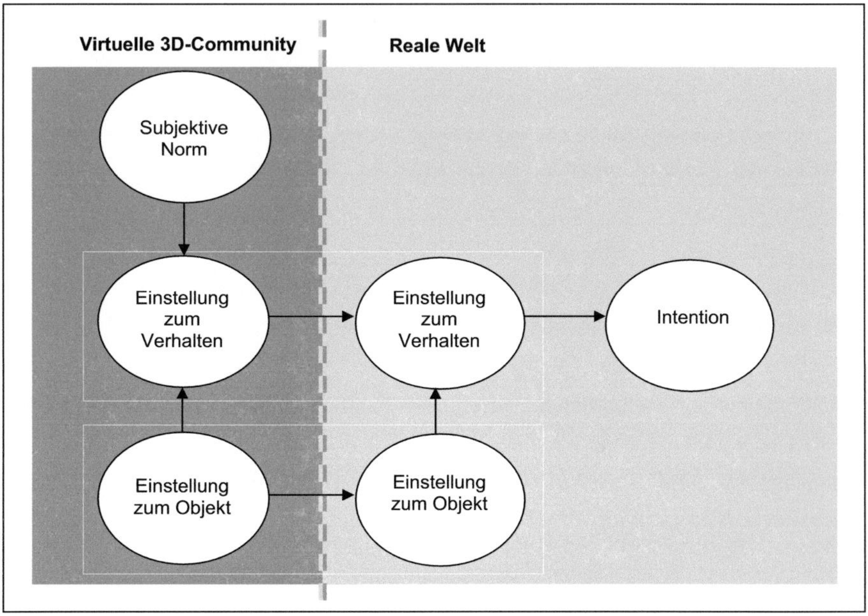

Abbildung 3.3: Kontextbezogene Verknüpfungspunkte des Basismodells[168]

Die oben dargestellten Zusammenhänge bilden somit das Basismodell für die Konzeptionalisierung des Hypothesensystems zur Wirkung der Markenpflege in virtuellen 3D-Communities auf die Kaufabsicht in der realen Welt.

3.4 Hypothesensystem zur Wirkung der Markenpflege in virtuellen 3D-Communities auf die Kaufabsicht in der realen Welt

Das Forschungsziel der vorliegenden Studie besteht darin, den Einfluss der Markenpflege in virtuellen 3D-Communities auf das Kaufverhalten des alltäglichen Lebens zu untersuchen. Zu diesem Zweck können die in den vorherigen Kapiteln dargelegten Erkenntnisse genutzt werden.

Die Konzeptionalisierung des Untersuchungsmodells erfolgt dabei in zwei Schritten. Zunächst werden die Aussagen der zuvor beschriebenen Theorien im Sinne der definierten Untersuchungsfrage spezifiziert. In einem zweiten Schritt erfährt das

[168] Eigene Darstellung.

Hypothesensystem eine Erweiterung um solche Determinanten, die einen signifikanten Einfluss auf den Erfolg der virtuellen Marketingmaßnahme versprechen und dabei durch das Management der Unternehmen direkt angesprochen werden können. Durch dieses Vorgehen wird eine theoriegeleitete Deduktion konkreter Stellhebel zur Ausgestaltung der Maßnahmen der Markenpflege in virtuellen 3D-Communities ermöglicht.

Zur Erklärung der Wirkung der Online-Markenpflege auf das Kaufverhalten der Konsumenten in der realen Welt leistet das im vorangegangenen Kapitel aufgestellte Basismodell einen wertvollen Beitrag. Analog zu der dort vertretenen Argumentation soll auch bei der folgenden Modellkonzeptionalisierung auf die explizite Berücksichtigung des Verhaltens-Konstrukts verzichtet werden und stattdessen die Kaufabsicht, als direkter Prädiktor des tatsächlichen Kaufverhaltens,[169] gemessen werden. Die Kaufabsicht bildet somit das Zielkonstrukt der vorliegenden Studie.

Der Einfluss der Einstellung zu einem bestimmten Verhalten, im Sinne einer affektiven Verhaltensbewertung,[170] auf die Intention, dieses Verhalten auch tatsächlich zu zeigen, wurde bei der Konzeptionalisierung des Basismodells mit den Erkenntnissen der Theorie des überlegten Handelns begründet. Die verhaltensbezogene Einstellungskomponente wird im Rahmen der vorliegenden Studie im Sinne des Untersuchungsziels zu der Einstellung gegenüber dem Kauf von Produkten einer bestimmten Marke konkretisiert. Demnach lässt sich für den Kontext der realen Welt der folgende positive Zusammenhang postulieren:

H1: Je positiver die Einstellung eines Individuums zum Kauf von Produkten einer Marke X in der realen Welt ist, desto stärker ist dessen Intention, Produkte der Marke X in der realen Welt zu kaufen.

Im Zuge der vorangegangenen Modifikation der Theorie des überlegten Handelns wurde das Modell um eine objektbezogene Einstellungskomponente erweitert. Da die markenbezogene Kaufabsicht das Zielkonstrukt der vorliegenden Studie repräsen-

[169] Vgl. Regier (2007), S. 34 f.
[170] Vgl. Fassott (2007), S. 37.

tiert erscheint es nach dem Korrespondenzprinzip naheliegend, die Einstellung zum Objekt im realen Kontext durch die Einstellung gegenüber der bestimmten Marke zu spezifizieren. Auf Basis der Argumentation des vorangegangenen Kapitels lautet Hypothese 2 demnach wie folgt:

H2: Je positiver die Einstellung eines Individuums zur Marke X in der realen Welt ist, desto positiver ist auch dessen Einstellung zum Kauf von Produkten der Marke X in der realen Welt.

Die beiden bisher abgeleiteten Hypothesen beziehen sich auf den Kontext der realen Welt. Im Zuge der Konzeptionalisierung des Basismodells wurde gezeigt, dass sich die Aussagen der Theorie des überlegten Handelns und deren Erweiterung mit der Einstellung zum Objekt, unter Anpassung der inhaltlichen Konstruktbezüge, durchaus in den virtuellen Kontext übertragen lassen. Zudem wurden, unter Einbezug der Erkenntnisse der Konsistenztheorien, potenzielle Verknüpfungspunkte zwischen den Kausalbeziehungen innerhalb der virtuellen 3D-Community und den verhaltensrelevanten Wirkungskomplexen in der physischen Realität abgeleitet. Als vielversprechende Verknüpfungspunkte erwiesen sich dabei sowohl die verhaltens-, als auch die objektbezogenen Einstellungskonstrukte.

Auf Basis der Erkenntnisse der Konsistenztheorien, und insbesondere der Dissonanztheorie, wird nun ein Individuum stets bestrebt sein, einen harmonischen kognitiven Zustand herzustellen und kognitive Dissonanzen zu vermeiden bzw. zu reduzieren.[171] In Bezug auf den Untersuchungsgegenstand dieser Studie wäre die Bildung einer kognitiven Dissonanz nach den Aussagen der beschriebenen Dissonanztheorie dann zu erwarten, wenn die Einstellung des Individuums hinsichtlich seines Verhaltens in der realen Welt in einem logisch inkonsistenten Verhältnis zu seiner Einstellung gegenüber diesem Verhalten in der virtuellen 3D-Community stehen würde. Spezifiziert man das betrachtete Verhalten im Sinne des Forschungsziels mit

[171] Vgl. Böcker (1996), S. 172.

dem Kauf von Produkten einer bestimmten Marke,[172] so lässt sich auf Basis dieser Ausführungen der folgende Wirkungszusammenhang vermuten:

> **H3:** Je positiver die Einstellung eines Individuums zum Kauf von Produkten der Marke X in der virtuellen Community ist, desto positiver ist auch dessen Einstellung zum Kauf von Produkten der Marke X in der realen Welt.

Im Zuge der Konzeptionalisierung des Basismodells wurde der Einfluss der Einstellung gegenüber einem Objekt auf die Einstellung zum Verhalten vor dem Hintergrund der Erweiterung der Theorie des überlegten Handelns im Sinne von *Eagly/Chaiken* umfassend dargelegt. Im Folgenden wird die Einstellung des Individuums zu einem virtuellen Objekt in Form seiner Einstellung zum virtuellen Markenauftritt, als wahrnehmbare Form der Markenkommunikation,[173] integriert. Analog zu den Aussagen bezüglich der Wirkung des objektbezogenen Einstellungskonstrukts auf die Einstellung zum Verhalten in der realen Welt, lässt sich der in Hypothese 4 formulierte positive Zusammenhang ableiten:

> **H4:** Je positiver die Einstellung eines Individuums gegenüber dem virtuellen Markenauftritt der Marke X ist, desto positiver ist auch dessen Einstellung zum Kauf von Produkten der Marke X in der virtuellen Community.

Auch der Wirkungszusammenhang zwischen den objektbezogenen Einstellungskonstrukten wurde im Rahmen der Konzeptionalisierung des Basismodells anhand der

---

172 Auch im virtuellen Kontext wird das Verhalten in Form des Kaufs des markierten (virtuellen) Produkts berücksichtigt. Obwohl die Kaufabsicht bezüglich virtueller Produkte im Rahmen dieser Studie nicht als Zielkonstrukt betrachtet wird, bietet sich diese Spezifizierung nach den Aussagen der Dissonanztheorie an. So setzt die Entstehung kognitiver Dissonanzen zwischen den verhaltensbezogenen Einstellungsobjekten des realen und des virtuellen Kontexts deren logische „Nähe" aus Sicht des Individuums voraus. Es ist anzunehmen, dass die logische Verknüpfung zwischen dem Kauf der Marke in der realen Welt und dem Kauf der Marke in der virtuellen Welt ausgeprägter ist, als dies der Fall wäre, wenn das virtuelle Verhalten bspw. in Form der virtuellen Markennutzung spezifiziert würde. Zudem fördert die Integration einer (wenn auch nur symbolischen) Preisschwelle eine bewusste Markenwahl. Eine tiefere Untersuchung des Kaufverhaltens in virtuellen 3D-Communities soll im Rahmen der vorliegenden Arbeit jedoch nicht erfolgen. So zeigen aktuelle Beispiele aus der Unternehmenspraxis (wie bspw. der Verkauf des virtuellen Schuhs „a³ Microride" von Adidas in Second Life), dass die Umsatzpotenziale in Bezug auf den Verkauf virtueller Produkte momentan noch eher gering sind.

173 Vgl. Linxweiler (2004), S. 11.

Erkenntnisse der Konsistenztheorien und darüber hinaus durch den Einfluss positiver oder negativer Spill-over-Effekte zwischen den Objekten abgeleitet. Damit erwiesen sich die objektbezogenen Einstellungskonstrukte als ein zweiter vielversprechender Verknüpfungspunkt zwischen den Wirkungskomplexen innerhalb der virtuellen 3D-Community und den Determinanten des Kaufverhaltens in der physischen Realität. In Analogie zu den vorangegangenen Spezifizierungen der objektbezogenen Einstellungskonstrukte lautet Hypothese 5 daher wie folgt:

H5: Je positiver die Einstellung eines Individuums gegenüber dem virtuellen Markenauftritt der Marke X ist, desto positiver ist auch dessen Einstellung zur Marke X in der realen Welt.

Im vorherigen Kapitel wurde bereits auf die im Rahmen der Theorie des geplanten Verhaltens explizit formulierte Wechselwirkung zwischen der subjektiven Norm und der Einstellung zum Verhalten hingewiesen. Der Einfluss der subjektiven Norm auf das verhaltensbezogene Einstellungskonstrukt wurde in der wissenschaftlichen Forschung bereits empirisch bestätigt.[174] Bisher unberücksichtigt blieb der Einfluss der sozialen Norm innerhalb eines virtuellen Kontexts. Dieser Einfluss soll im Rahmen dieser Studie nun eine empirische Überprüfung erfahren. Hypothese 6 lautet dementsprechend wie folgt:

H6: Je stärker die subjektive Norm innerhalb der virtuellen Community zugunsten des Kaufs der Marke X ist, desto positiver ist die Einstellung eines Individuums zum Kauf der Marke X in der virtuellen Community.

Anhand der bisher entwickelten Hypothesen lassen sich die Aussagen des aufgestellten Basismodells wie in *Abbildung 3.4* dargestellt spezifizieren:

[174] Vgl. Glitsch (2003), S. 49; vgl. Aberg (1993), S. 293; vgl. Dudzik (2006), S, 46 f.

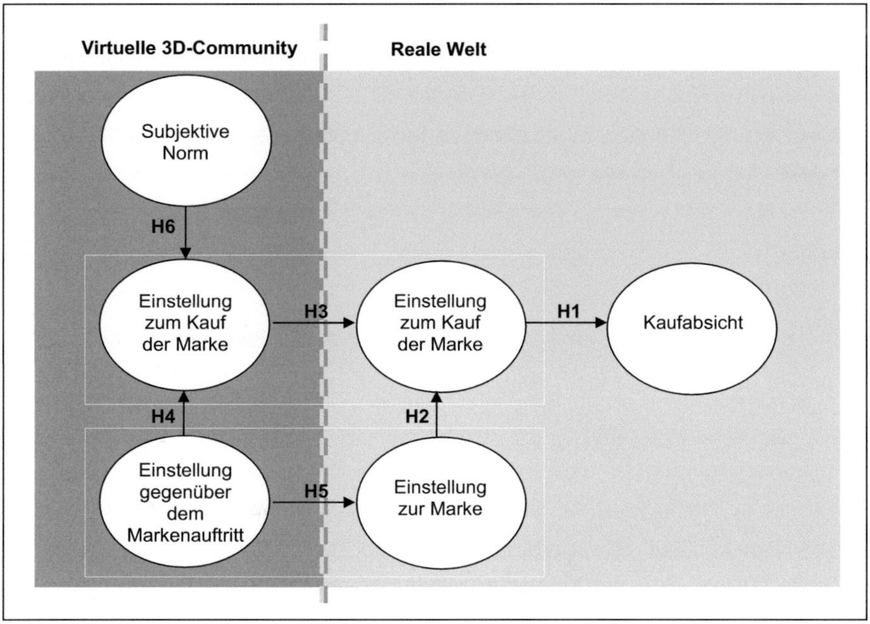

Abbildung 3.4: Spezifikation des Basismodells[175]

Im Folgenden soll das aufgestellte Hypothesensystem nun um solche Determinanten erweitert werden, die durch das Management der Unternehmen gezielt beeinflusst werden können.

Die erste grundlegende Frage, die sich Unternehmen nach dem Entschluss zugunsten der Markenpflege in virtuellen 3D-Communities stellt ist, welche Community als Plattform für den entsprechenden Markenauftritt gewählt werden soll. Zur Beantwortung dieser Frage leisten die Erkenntnisse von *Simonin/Ruth* einen bedeutenden Beitrag. Die Autoren untersuchten in ihrer Studie die Wirkungen des Produkt- und Marken-Fits auf die Einstellung eines Individuums gegenüber einer entsprechenden Marken-Allianz. Dabei konnte festgestellt werden, dass die beiden Konstrukte einen signifikanten positiven Einfluss auf die Bewertung der Marken-Allianz aufwiesen.[176] Abstrahiert man nun von dem Untersuchungsgegenstand der Marken-Allianz und

---

[175] Zur besseren Übersicht wurde in der Abbildung beim Kauf der Marke auf den Produktbezug verzichtet. Im Folgenden wird diese Notation beibehalten; der Kauf der Marke bezeichnet demnach den Kauf von Produkten der Marke.

[176] Vgl. Simonin/Ruth (1998), S. 39.

betrachtet stattdessen den Auftritt einer Marke in einer bestimmten virtuellen 3D-Community, so kann vermutet werden, dass Individuen in diesem Fall die wahrgenommene Ähnlichkeit zwischen der virtuellen 3D-Community und der Marke bei ihrer subjektiven Bewertung des virtuellen Markenauftritts berücksichtigen. Diese Argumentation führt zu Hypothese 7:

H7: Je höher die Kompatibilität zwischen dem Image der Marke X in der realen Welt und dem Image der virtuellen Community ist, desto positiver ist die Einstellung eines Individuums gegenüber dem virtuellen Markenauftritt.

Neben der Wahl einer geeigneten virtuellen Community für die Zwecke der Markenpflege stellt sich aus Unternehmenssicht auch die Frage, in welcher Form der virtuelle Markenauftritt ausgestaltet werden sollte. Die in Kapitel 2.1 auf Basis der wissenschaftlichen Literatur abgeleitete Arbeitsdefinition der Online-Markenpflege fordert u. a. die Abstimmung der Maßnahmen der Markenkommunikation und deren Einbettung in die übergeordnete Markenstrategie. Die Wirkung des wahrgenommenen Fits zwischen dem klassischen und dem virtuellen Markenauftritt wurde bislang jedoch nicht empirisch überprüft.[177] Allerdings zeigen erste Ergebnisse aus der Persuasionsforschung einen positiven Effekt der Glaubwürdigkeit auf Einstellungen.[178] Die Konsistenz der im Rahmen der virtuellen Marketingmaßnahme vermittelten Botschaften mit denen des klassischen Markenauftritts wirkt sich wiederum über die Glaubwürdigkeit des Markenauftritts auf die Einstellung gegenüber dem Markenauftritt in der virtuellen 3D-Community aus.[179] Diese Überlegungen führen zu Hypothese 8, die es im Rahmen der vorliegenden Studie empirisch zu überprüfen gilt:

H8: Je höher der Fit zwischen dem virtuellen Markenauftritt und dem klassischen Markenauftritt ist, desto positiver ist die Einstellung eines Individuums gegenüber dem virtuellen Markenauftritt.

177 Der Begriff klassischer Markenauftritt umfasst im Folgenden sowohl die Markenkommunikation über Printmedien, als auch den bisherigen Online-Auftritt der Marke.
178 Vgl. Eisend (2003), S. 119.
179 Vgl. Salzer (2004), S. 117.

Linxweiler verdeutlicht die Relevanz der Vermittlung eines wahrgenommenen Nutzens durch den Online-Markenauftritt und betont zugleich die besondere Eignung von virtuellen 3D-Marken-Welten zur Vermittlung dieses Nutzens im Rahmen der Markenpflege.[180] In der wissenschaftlichen Forschung konnte die Wirkung des wahrgenommenen Nutzens auf das Einstellungskonstrukt bereits vielfach als signifikant bestätigt werden.[181] In Bezug auf die Forschungsfrage dieser Studie erscheint es daher zweckdienlich, den wahrgenommenen Nutzen der Präsenz der Marke in der virtuellen Community bei der Konzeptionalisierung des Untersuchungsmodells zu berücksichtigen.[182] Dies führt zu Hypothese 9, mit der das Gesamtmodell vervollständigt wird:

H9: Je positiver der wahrgenommene Nutzen der virtuellen Präsenz der Marke X ist, desto positiver ist die Einstellung eines Individuums gegenüber dem virtuellen Markenauftritt.

Abschließend bleibt zu prüfen, welche Variablen einen moderierenden Effekt auf die Modellzusammenhänge ausüben. Zunächst soll das Geschlecht als eine erste moderierende Variable berücksichtigt werden. Die Theorie des überlegten Handelns unterstellt einen indirekten Einfluss des Geschlechts, als soziodemographisches Merkmal, auf die Wirkungszusammenhänge des Modells.[183] Dieser indirekte Effekt vollzieht sich hierbei über die Beeinflussung der in Kapitel 3.2.2 vorgestellten Intentionsursachen (B_i, NB_j, MC_j, a_i) und über die Veränderung der Gewichte (w_0, w_1).[184] Da das Basismodell der vorliegenden Studie auf der Theorie des überlegten Handelns gründet, ist zu vermuten, dass die Stärke der Wirkungszusammenhänge des aufgestellten Hypothesensystems in Abhängigkeit von dem Geschlecht variiert. Diese Überlegungen führen zu Hypothese 10:

---

180 Vgl. Linxweiler (2004), S. 345 ff.
181 Vgl. Herrmann (2003), S. 129.
182 Der Begriff „Präsenz der Marke" wird im Rahmen dieser Arbeit weit gefasst definiert. Er umfasst dabei alle Aspekte, von denen potenzielle Nutzenwirkungen auf die Teilnehmer der virtuellen 3D-Community ausgehen können, und schließt somit die Nutzung der Marke in der virtuellen 3D-Community mit ein.
183 Vgl. Müller (2007), S. 26.
184 Vgl. Herkner (1993), S. 219.

H10: Die Stärke der Wirkungszusammenhänge unterscheidet sich bei männlichen und weiblichen Individuen signifikant voneinander.

Nach *Simonin/Ruth* äußert sich der Einfluss der Markenvertrautheit in einem Effekt auf den Informationsbeschaffungsprozess und die Markenbewertung.[185] Zudem ist davon auszugehen, dass eine relativ niedrige (hohe) Markenvertrautheit mit einer relativ niedrigen (hohen) Einstellungsstärke und einer relativ niedrigen (hohen) Zugänglichkeit der Einstellung einhergeht.[186] Daher wird im Rahmen der vorliegenden Studie davon ausgegangen, dass sich die Modellvariante bei Vorliegen einer hohen Markenvertrautheit signifikant von der Modellvariante bei Vorliegen einer niedrigen Markenvertrautheit unterscheidet. Diese Vermutung wird in Hypothese 11 formuliert:

H11: Die Stärke der Wirkungszusammenhänge unterscheidet sich bei Individuen mit hoher und niedriger Markenvertrautheit signifikant voneinander.

Abbildung 3.5 zeigt eine Übersicht des aufgestellten Gesamtmodells.

[185] Vgl. Simonin/Ruth (1998), S. 33; vgl. Fazio et al. (1986), S. 213.
[186] Vgl. Simonin/Ruth (1998), S. 32 f.

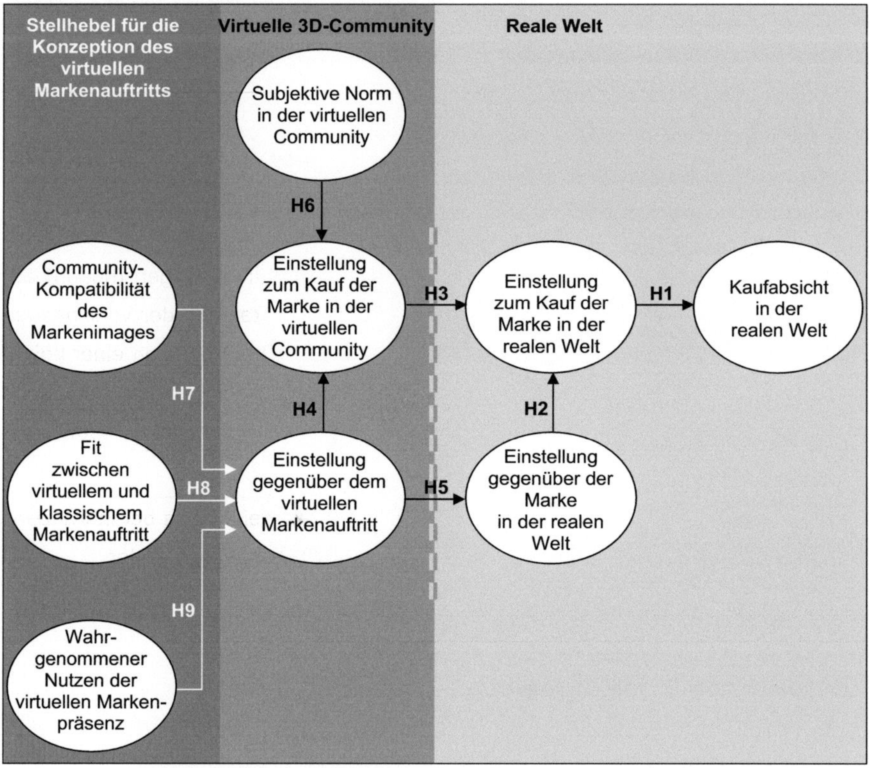

Abbildung 3.5: Gesamtmodell zur Wirkung der Markenpflege in virtuellen 3D-Communities auf die Kaufabsicht in der realen Welt

4 Empirische Überprüfung des Modells zur Wirkung der Markenpflege in virtuellen 3D-Communities am Beispiel der Modebranche in Second Life

4.1 Methodische Grundlagen

4.1.1 Unterscheidung zwischen reflektiven und formativen Konstrukten

Bei den theoretischen Konstrukten des aufgestellten Strukturmodells handelt es sich um latente Variablen, die sich der Möglichkeit der direkten Beobachtung und der unmittelbaren Quantifizierung verschließen.[187] *Bagozzi/Fornell* beschreiben solche Konstrukte als „[...] an abstract entity which represents the true, nonobservable state or nature of a phenomen".[188] Der empirische Bezug der Variablen kann erst mittels einer Operationalisierung hergestellt werden.[189] Dazu werden einem Konstrukt in der Regel gleich mehrere Indikatoren zugewiesen, wodurch möglichen Verzerrungen bei der Messung entgegnet werden soll.[190] Die Ermittlung adäquater Indikatoren kann dabei bspw. anhand explorativer Vorstudien, Erfahrungen aus der Praxis, theoretischer Überlegungen, sowie durch das Heranziehen anderer Studien erfolgen.[191] Grundsätzlich stehen dem Forscher bei der Operationalisierung latenter Variablen das reflektive und das formative Messmodell zur Verfügung.[192] *Abbildung 4.1* visualisiert die Konzepte der beiden Messmodellarten.

[187] Vgl. Herrmann/Huber/Kressmann (2006), S. 35; vgl. Huber et al. (2005a), S. 27.
[188] Bagozzi/Fornell (1982), S. 24.
[189] Vgl. Braunstein (2001), S. 225.
[190] Vgl. Homburg/Dobratz (1998), S. 450.
[191] Vgl. Huber/Herrmann/Peter (2003), S. 355.
[192] Vgl. Blalock (1964), S. 163.

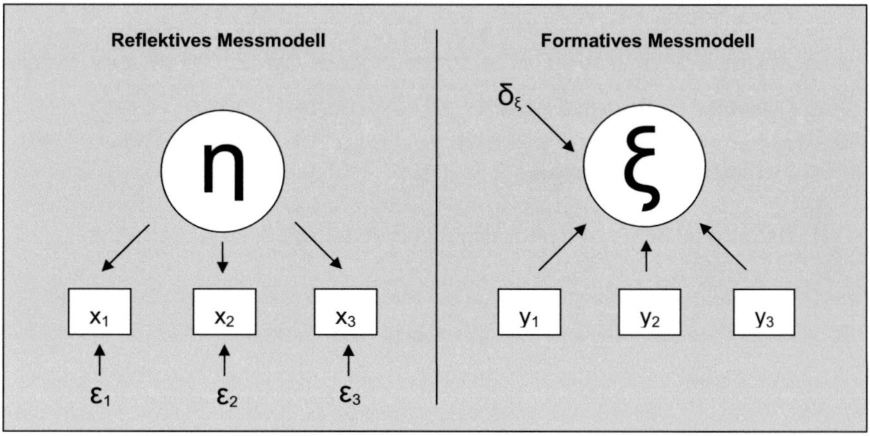

Abbildung 4.1: Reflektives und formatives Messmodell[193]

Bei Anwendung des reflektiven Messmodells wird unterstellt, dass die latente Variable (η) ihre Indikatoren (x_i) verursacht.[194] Reflektive Indikatoren werden daher in der englischsprachigen Literatur des Öfteren als „effect indicators" bezeichnet.[195] Da die latente Variable die Ursachenquelle für die reflektiven Indikatoren bildet, sollten diese untereinander hochgradig korreliert sein.[196] Als Folge des zufälligen Messfehlers (ε_i) erreicht die Korrelation zwischen Konstrukt und Indikator nur einen Wert kleiner als eins.[197] Im Gegensatz zum reflektiven Messmodell liegt dem formativen Messmodell die Prämisse zugrunde, dass die Indikatoren (y_i) die latente Variable (ξ) verursachen.[198] Demnach wird das jeweilige Konstrukt als Funktion seiner formativen Indikatoren abgebildet.[199] Die formativen Indikatoren werden daher in der englischsprachigen Literatur teilweise auch als „cause indicators" bezeichnet.[200] Da jedoch nicht alle relevanten Facetten der latenten Variablen durch eine zusammengestellte Itembatterie gemessen werden können, besteht eine Differenz (δ_ξ) zwischen dem

---

193 Eigene Darstellung in Anlehnung an Homburg/Giering (1998), S. 116; Herrmann/Huber/Kressmann (2006), S. 36.
194 Vgl. Fassott (2006), S. 68.
195 Vgl. Bollen/Lennox (1991), S. 305 f.
196 Vgl. Fassott (2006), S. 83.
197 Vgl. Herrmann/Huber/Kressmann (2006), S. 36.
198 Vgl. Fssott/Eggert (2005), S. 32.
199 Vgl. Homburg/Giering (1998), S. 115.
200 Vgl. Bollen/Lennox (1991), S. 305 f.

wahren Konstruktwert und dem aus den Indikatoren resultierenden Konstruktwert.[201] Durch die ausführliche Auseinandersetzung mit der Relation zwischen Konstrukt und Indikator kann einer fehlerhaften Konzeptionalisierung und Operationalisierung von Modellkonstrukten sowie der daraus resultierenden fälschlichen Anwendung statistischer Verfahren entgegnet werden.[202]

4.1.2 Auswahl einer adäquaten Untersuchungsmethode

Auf der Basis des aufgestellten Hypothesensystems gilt es nun, mit Hilfe des multivariaten Verfahrens der Kausalanalyse zu überprüfen, ob die postulierten Hypothesen durch das empirisch gewonnene Datenmaterial bestätigt werden können.[203] Zu diesem Zweck zieht die Kausalanalyse auf der Grundlage von empirisch gemessenen Varianzen und Kovarianzen Rückschlüsse auf Abhängigkeitsbeziehungen zwischen zugrunde liegenden latenten Variablen. Dabei liegt die Besonderheit der Kausalanalyse darin, dass im Gegensatz zu Strukturgleichungsmodellen mit direkt beobachtbaren Variablen, auch Beziehungen zwischen latenten Variablen, wie sie im vorgestellten Modell vorliegen, überprüft werden können.[204] Das zu überprüfende Strukturgleichungsmodell besteht generell aus drei Submodellen: Dem Strukturmodell, das die kausalen Abhängigkeiten zwischen den latenten Konstrukten spezifiziert, und dem exogenen bzw. endogenen Messmodell, das die Beziehungen zwischen den Indikatoren zur Erfassung der unabhängigen (exogenen) bzw. abhängigen (endogenen) latenten Variablen angibt.[205] Da bekanntlich Varianzen und Kovarianzen von Daten den Ausgangspunkt eines kausalanalytischen Strukturmodelltests bilden, können alternativ kovarianzbasierte und varianzbasierte Verfahren zur Schätzung des aufgestellten Hypothesenmodells herangezogen werden.[206]

Aufgrund einer Vielzahl von benutzerfreundlichen und auf dem Markt frei verfügbaren Softwarepaketen zur Kovarianzstrukturanalyse (wie LISREL, AMOS, EQS) ist dieses Verfahren zurzeit weiter verbreitet als der varianzbasierte Partial Least Squares (PLS)-Ansatz, für dessen Anwendung relativ wenige und zum Teil noch nicht ganz

201 Vgl. Herrmann/Huber/Kressmann (2006), S. 36.
202 Vgl. Herrmann/Huber/Kressmann (2006), S. 35.
203 Vgl. Backhaus et al. (2005), S. 338.
204 Vgl. Homburg (2008), S. 167 f.
205 Vgl. Huber et al. (2007), S. 3 f.; vgl. Bollen (1989), S. 11 ff.
206 Vgl. Homburg/ Hildebrand (1998), S. 17.

ausgereifte Programmpakete existieren (z. B. *Lohmöllers* LVPLS, *Chins* PLS-Graph und das PLS-Modul in SPAD des European Satisfaction Index System).[207] *Götz/Liehr-Gobbers* empfehlen für die Anwendung des PLS-Ansatzes aufgrund der Programm-Funktionalität und der Anwenderfreundlichkeit *Chins* Software PLS-Graph.[208] In den letzten Jahren nimmt die Verwendung des PLS-Ansatzes stetig zu, da er eine Reihe von Vorteilen gegenüber der Kovarianzstrukturanalyse aufweisen kann: So können bspw. sowohl reflektive als auch formative Messmodelle uneingeschränkt erfasst werden.[209] Während kovarianzbasierte Verfahren wie LISREL große Stichproben mit mindestens 200 Probanden erfordern, benötigt PLS zudem selten mehr als 100 Personen zur Schätzung komplexer Modelle.[210] Darüber hinaus müssen die Eingangsdaten bei einem nicht-parametrischen Verfahren wie PLS nicht normalverteilt sein, während z. B. für den bei LISREL am häufigsten verwendeten Algorithmus, das Maximum-Likelihood (ML)-Schätzverfahren, eine multivariate Normalverteilung der Daten erforderlich ist.[211] Des Weiteren richtet sich das Erkenntnisinteresse bei der Verwendung von PLS nicht nur auf die Beziehung zwischen den latenten Variablen; auch dem Messmodell kommt ein eigenständiges Interesse zu, das über das bloße Verständnis als Hilfsgröße hinaus geht.[212]

Schließlich gilt es bei der Entscheidung für ein Analyseverfahren grundsätzlich die Zielsetzung der Untersuchung zu berücksichtigen: Während theorieorientierte Fragestellungen eher ein kovarianzbasiertes Verfahren erfordern, da dieses die Theorie bestmöglich an die Empirie anpasst,[213] eignet sich für eine managementorientierte Fragestellung mit Entscheidungsrelevanz eher die Verwendung des PLS-Ansatzes.[214]

---

207 Vgl. Götz/Liehr-Gobbers (2004), S. 715.
208 Vgl. Götz/Liehr-Gobbers (2004), S. 732. Einen Überblick über das Softwareangebot zum PLS-Ansatz gibt die folgende Internetadresse: www.pls-ansatz.de.
209 Vgl. Huber et al. (2007), S. 1; vgl. Götz/Liehr-Gobbers (2004), S. 715.
210 Vgl. Huber et al. (2007), S. 2; vgl. Regier (2007), S. 134 f.; vgl. Chin/Newstead (1999), S. 335 f.
211 Vgl. Herrmann/Huber/Kressmann (2006), S. 39; vgl. Götz/Liehr-Gobbers (2004), S. 714.
212 Vgl. Fassott (2005), S. 24.
213 Vgl. Chin/Newstead (1999), S. 337.
214 Vgl. Herrmann/Huber/Kressmann (2006), S. 45; vgl. Regier (2007), S. 137; vgl. Fornell/Bookstein (1982), S. 443.

Da im vorgestellten Untersuchungsmodell sowohl formative, als auch reflektive Messmodelle berücksichtigt werden und zudem Implikationen für die Marketingpraxis abgeleitet werden, erweist sich der PLS-Ansatz als geeignetes Analyseverfahren zur Modellschätzung.

4.1.3 Gütekriterien des gewählten Schätzverfahrens PLS

4.1.3.1 Gütekriterien zur Beurteilung des Messmodells

Zur Beurteilung der Güte der Modellschätzung dienen Kriterien, die Aufschluss über die Validität und die Reliabilität der Modellbeziehungen und des Gesamtgefüges geben.[215] Während die Reliabilität das Ausmaß bezeichnet, in dem wiederholte Messungen mit einem identischen Messinstrument die gleichen Werte liefern (die Messung also frei von Zufallsfehlern ist), liegt Validität in dem Ausmaß vor, in dem die Messung frei von systematischen Fehlern ist und demnach tatsächlich das gemessen wird, was gemessen werden soll.[216]

Bei der Beurteilung der Güte des aufgestellten Kausalmodells gilt es, die Submodelle des zu überprüfenden Strukturgleichungsmodells zu unterscheiden und ihre Güte unabhängig voneinander zu beurteilen: Das Messmodell spezifiziert dabei die Beziehung zwischen den beobachtbaren Indikatoren und den zugehörigen Konstrukten, während das Strukturmodell die hypothetisch angenommenen Zusammenhänge zwischen den verschiedenen Konstrukten abbildet.[217] Im Folgenden werden zunächst die Gütekriterien des Messmodells vorgestellt. Im Anschluss daran sollen die Kriterien zur Beurteilung der Güte des Strukturmodells näher betrachtet werden.

Bei der Bewertung der Güte auf Messmodellebene ist eine Unterscheidung zwischen formativen und reflektiven Indikatoren notwendig.[218] Bei reflektiven Messmodellen sind neben der Beurteilung der Plausibilität der vorliegenden Vorzeichen insbesondere die Höhe der einzelnen Indikatorladungen auf das Konstrukt und deren Signifikanz von Bedeutung. Dabei sollten die Ladungen mindestens einen Wert von

---

215 Vgl. Herrmann/Huber/Kressmann (2006), S. 55; vgl. Schnell/Hill/Esser (2005), S. 151.
216 Vgl.Schnell/Hill/Esser (2005), S. 151; vgl. Hüttner/Schwarting (2002), S. 13.
217 Vgl. Götz/Liehr-Gobbers (2004), S. 716 f.; vgl. Hulland (1999), S. 198.
218 Vgl. Regier (2007), S. 140.

0,7 oder 0,8 erreichen,[219] da ein solcher Wert impliziert, dass das Konstrukt zumindest die Hälfte der Varianz des Indikators erklärt.[220] Die zugehörigen t-Werte, die zur Schätzung der Signifikanz der Ladungen herangezogen werden, können bei PLS mit Hilfe der beiden Prozeduren Bootstrapping oder Jackknifing berechnet werden, wobei in der vorliegenden Studie aufgrund des geringeren Standardfehlers das Bootstrapping angewandt wurde.[221] Die auf diese Weise ermittelten t-Werte sollten dabei den kritischen Wert von 1,66 für ein Signifikanzniveau von 5 Prozent überschreiten.[222] Als Maß für die Beurteilung der Eignung eines Faktors zur Erklärung der zu diesem in Beziehung stehenden Batterie reflektiver Indikatoren, kann die Konstruktreliabilität herangezogen werden, die dabei mindestens den Schwellenwert von 0,7 erreichen sollte.[223] Indikatoren, die nur eine geringe Korrelation mit den übrigen Indikatoren des Messmodells aufweisen, müssen folglich eliminiert werden.[224] Neben der Konstruktreliabilität ist auch die durchschnittlich erfasste Varianz (DEV) zur Beurteilung der Konvergenzkriterien zu überprüfen. Die DEV sollte dabei einen Mindestwert von 0,6 erreichen.[225] Zur Abschätzung der Diskriminanzvalidität kann zudem das *Fornell-Larcker*-Kriterium herangezogen werden, welches besagt, dass Diskriminanzvalidität dann gegeben ist, „[...] wenn die DEV einer latenten Variablen größer ist als jede quadrierte Korrelation dieser latenten Variablen mit einem anderen Konstrukt im Modell".[226] Darüber hinaus ist die Konstruktmessung auf Unidimensionalität zu prüfen. Nach diesem Gütekriterium sollen die Korrelationen zwischen Indikatoren eines Konstrukts nur eine Quelle, nämlich das zugehörige Konstrukt, aufweisen; zahlreiche Residuen mit einer hohen Korrelation, sowie erhebliche Kreuzladungen lassen dagegen darauf schließen, dass das Kriterium der Unidimensionalität nicht erfüllt ist.[227] Schließlich kann über *Stone-Geissers* Q^2 geprüft werden, wie gut eine latente Variable durch ihre Indikatoren rekonstruiert werden kann.[228] Liegt der Wert von Q^2 dabei über Null, ist das Kriterium der Vorhersage-

---

219 Indikatorladungen, die einen Wert größer als 0,707 aufweisen, entsprechen einer erklärten Varianz von mehr als 50 Prozent: Vgl. Regier (2007), S. 141.
220 Vgl. Herrmann/Huber/Kressmann (2006), S. 56; vgl. Hulland (1999), S. 198.
221 Vgl. Herrmann/Huber/Kressmann (2006), S. 56.
222 Vgl. Huber et al. (2007), S. 87 ff.
223 Vgl. Huber et al. (2007), S. 88 ff.
224 Vgl. Götz/Liehr-Gobbers (2004), S. 728.
225 Vgl. Huber et al. (2007), S. 88.
226 Vgl. Götz/Liehr-Gobbers (2004), S. 728; vgl. Fornell/Larcker (1981), S. 46.
227 Vgl. Herrmann/Huber/Kressmann (2006), S. 56 f., vgl. Segars (1997), S. 115.
228 Vgl. Huber et al. (2005b), S. 33.

validität erfüllt.[229] *Tabelle 4.1* fasst die Gütekriterien für reflektive Operationalisierungen zusammen:

Gütekriterien für reflektive Operationalisierungen	
Plausibilität der Ladung	Mindestanforderung
Ladung	> 0,8
t-Wert	Einseitig > 1,66
Vorhersagevalidität	*Stone-Geissers* Q^2 (Kommunalität) > 0
Unidimensionalität	Höhe und Korrelation Residuen Kreuzladungen
Konvergenz **DEV** **Konstruktreliabilität**	 > 0,6 > 0,7
Diskriminanzvalidität	*Fornell-Larcker*-Kriterium

Tabelle 4.1: Gütekriterien für reflektive Operationalisierungen[230]

Aufgrund der umgekehrten Kausalität kann die Gütebeurteilung reflektiver Messmodelle nicht in derselben Weise auf formative Messmodelle übertragen werden.[231] Anders als im reflektiven Messmodell, in dem die Indikatoren relativ frei gewählt werden können, sind formative Indikatoren hinsichtlich ihres Inhalts zu spezifizieren, so dass möglichst alle Indikatoren, die einen potenziellen Einfluss auf ein Konstrukt besitzen, vollständig berücksichtigt werden.[232] Da die Indikatoren nicht zwangsläufig miteinander korrelieren, ist eine Überprüfung auf Reliabilität anhand der Indikatorkorrelation bei formativen Messmodellen nicht sinnvoll;[233] stattdessen sind die Gewichte und die zugehörigen t-Werte von Bedeutung.[234] Dabei gilt es zu beachten, dass die Gewichte formativer Indikatoren häufig geringer ausfallen als die Ladungen in reflektiven Messmodellen.[235] Relativ geringe Werte der Gewichte eines formativen Messmodells sollten also nicht als dürftiges Messmodell fehlgedeutet werden.[236] Da die Indikatoren auf der Grundlage theoretisch-konzeptioneller Überlegungen dem

229 Vgl. Huber et al. (2007), S. 91.
230 In Anlehnung an Regier (2007), S. 144; Herrmann/Huber/Kressmann (2006), S. 61; Chin/Newsted (1999), S. 312.
231 Vgl. Götz/Liehr-Gobbers (2004), S. 728; vgl. Diamantopoulos (1999), S. 453 f.
232 Vgl. Huber et al. (2005b), S. 34; vgl. Diamantopoulos/Winklhofer (2001), S. 271.
233 Vgl. Huber et al. (2005b), S. 34.
234 Vgl. Götz/Liehr-Gobbers (2004), S. 728 f.
235 Vgl. Sieber (2008), S. 139.
236 Vgl. Götz/Liehr-Gobbers (2004), S. 728 f.

Konstrukt zugeordnet wurden und nicht zwingend miteinander korreliert sind, dürfen Indikatoren mit niedrigen Werten zudem nicht, wie im formativen Messmodell, aus dem Modell eliminiert werden.[237] Auch bei einem geringeren Signifikanzniveau dürfen einzelne Indikatoren nur aufgrund inhaltlicher Überlegungen aus dem Modell entfernt werden.[238] Zur weiteren Gütebeurteilung kann die Multikollinearität zwischen den formativen Indikatoren mit Hilfe des Variance Inflation Factors (VIF) untersucht werden, der einen Wert von 10 nicht überschreiten sollte.[239] Unter Kollinearität wird dabei der Grad der linearen Abhängigkeit der Indikatoren verstanden.[240] Darüber hinaus ist die Diskriminanzvalidität der formativen Konstrukte mittels der Eigenschaft der Prädiktorenspezifikation zu evaluieren.[241] Dazu werden über alle Individuen für alle Konstrukte konkrete Werte für die latenten Variablen errechnet, so dass schließlich die berechnete Korrelationsmatrix der Konstruktwerte Aufschluss über eine hinreichende Diskriminanz liefert.[242] Diese ist dann gegeben, wenn die Korrelationen kleiner als 0,9 sind.[243] Da sich die Zuverlässigkeit einer Messung anders als im reflektiven Messmodell nicht daran festmachen lässt, wie reliabel ein Konstrukt durch seine Indikatoren repräsentiert wird, lassen sich neben den Signifikanzen der Schätzparameter kaum Reliabilitätsaspekte finden, so dass die vorgestellten Gütemaße hauptsächlich auf Validitätsaspekte der Operationalisierung abzielen.[244] *Tabelle 4.2* gibt einen Überblick über die Gütekriterien formativer Messmodelle:

Gütekriterien für formative Operationalisierungen	
Plausibilität der Ladung	Mindestanforderung
Gewichte	keine Vorgabe
t-Wert	Zweiseitig > 1,98
Multikollinearität	Variance Inflation Factor (VIF) < 10
Diskriminanz	Konstruktkorrelationen (< 0,9)

Tabelle 4.2: Gütekriterien für formative Operationalisierungen[245]

[237] Vgl. Götz/Liehr-Gobbers (2004), S. 729; vgl. Jarvis/MacKenzie/Podsakoff (2003), S.202.
[238] Vgl. Huber et al. (2005b), S. 34 f.; vgl. Götz/Liehr-Gobbers (2005), S. 730.
[239] Vgl. Herrmann/Huber/Kressmann (2006), S. 57.
[240] Vgl. Götz/Liehr-Gobbers (2004), S, 729.
[241] Vgl. Huber et al. (2005b), S. 35.
[242] Vgl. Huber et al. (2005b), S. 35; vgl. Fritz (1995), S. 136.
[243] Vgl. Huber et al. (2007), S. 102.
[244] Vgl. Herrmann/Huber/Kressmann (2006), S.57.
[245] In Anlehnung an Regier (2007), S. 144; Herrmann/Huber/Kressmann (2006), S. 61; Chin/Newsted (1999), S. 312.

4.1.3.2 Gütekriterien zur Beurteilung des Strukturmodells

Im Anschluss an die Überprüfung der Güte auf Messmodellebene gilt es nun, eine Aussage hinsichtlich der nomologischen Validität des postulierten Modells zu treffen und die aufgestellten Hypothesen anhand ihrer Strukturparameter und Signifikanzen zu bewerten.[246] Dabei widerlegen Pfade, die nicht signifikant sind oder ein der Hypothesenformulierung entgegen gesetztes Vorzeichen aufweisen, die entsprechend aufgestellten Hypothesen, „[...] während signifikante Pfade mit a priori postuliertem Vorzeichen die angenommene Beziehung empirisch unterstützen".[247] Wird das Strukturgleichungsmodell mit Hilfe des PLS-Verfahrens überprüft, ist außerdem die bestmögliche Varianzerklärung der Zielvariablen von Interesse, die über das R^2-Kriterium beurteilt werden kann.[248] Das Bestimmtheitsmaß R^2 gibt dabei den Anteil der erklärten Varianz des latenten Konstrukts durch kausal vorgelagerte Konstrukte wieder und kann Werte zwischen 0 und 1 annehmen.[249] Es ist umso größer, je höher der Anteil der erklärten Streuung an der Gesamtstreuung ist.[250] Während einige Autoren einen Wert größer als 0,3 fordern, um dem Modell eine nennenswerte Erklärungskraft zu bescheinigen,[251] vertreten *Backhaus et al.* die Ansicht, dass keine allgemein gültigen Aussagen gemacht werden können, da es vielmehr von der jeweiligen Problemstellung abhängig ist, ab welcher Höhe ein R^2 als gut bzw. als ausreichend zu betrachten ist.[252] Um den Grad der Multikollinearität zwischen den Prädiktoren eines Konstruktes abschätzen zu können, wird zudem der Variance Inflation Factor für die antezedenten latenten Variablen aller endogenen Konstrukte bestimmt.[253] Dieser sollte wie auf Messmodellebene einen Wert kleiner als 10 annehmen.[254] Schließlich kann mit Hilfe von *Stone-Geissers* Q^2-Kriterium die Vorhersagevalidität von Mess- und Strukturmodell auf Ebene der Redundanzen übergreifend bewertet werden.[255] Dieses Kriterium gibt Auskunft darüber, in welchem

---

[246] Vgl. Huber et al. (2005b), S. 35.

[247] Götz/Liehr-Gobbers (2004), S. 730. Wird eine Irrtumswahrscheinlichkeit von 5 Prozent zugrunde gelegt, müssen die Bootstrap-basierten t-Werte einen Wert von 1,98 übersteigen: Vgl. Herrmann/Huber/Kressmann (2006), S. 61; vgl. Chin/Newsted (1999), S. 312.

[248] Vgl. Herrmann/Huber/Kressmann (2006), S. 58.

[249] Vgl. Landgraf/Huber/Bartl (2006), S. 60.

[250] Vgl. Götz/Liehr-Gobbers (2004), S. 730.

[251] Vgl. Huber et al. (2007), S. 107; vgl. Herrmann/Huber/Kressmann (2006), S. 61; vgl. Chin/Newsted (1999), S. 312.

[252] Vgl. Backhaus et al. (2006), S. 97; Götz/Liehr-Gobbers (2004), S. 735.

[253] Vgl. Huber et al. (2005b), S. 36.

[254] Vgl. Herrmann/Huber/Kressmann (2006), S. 58 ff.

[255] Vgl. Herrmann/Huber/Kressmann (2006), S. 60.

Ausmaß die empirisch erhobenen Daten durch das Modell und die PLS-Parameter rekonstruiert werden können und muss einen Wert größer als 0 annehmen, um die Voraussetzungen für Vorhersagerelevanz zu erfüllen.[256] *Tabelle 4.3* fasst die Gütekriterien auf Strukturmodellebene zusammen:

Gütekriterien des Strukturmodells	
Strukturparameter	keine Vorgabe
t-Wert	Zweiseitig > 1,98
R^2	> 0,3
Multikollinearität	Variance Inflation Factor (VIF) < 10
Vorhersagevalidität (bzgl. endogener reflektiver Konstrukte)	*Stone-Geissers* Q^2 (Redundanz) > 0

Tabelle 4.3: Gütekriterien des Strukturmodells[257]

4.2 Konzeption der empirischen Studie

4.2.1 Auswahl der Untersuchungsobjekte

Für die Untersuchung der Wirkungszusammenhänge der Online-Markenpflege fiel die Wahl bezüglich der zu betrachtenden virtuellen 3D-Community auf Second Life. Diese Entscheidung gründete dabei auf dem in Kapitel 2.2.4 dargestellten vergleichsweise großen Potenzial dieser Community für das Marketing der Unternehmen, sowie auf der hohen Popularität, die diese Community genießt. So konnte aufgrund der öffentlichen Diskussion davon ausgegangen werden, dass Second Life vielen Probanden zumindest durch die Berichterstattung der Medien bereits vor der Befragung bekannt war. Daher konnte bezüglich dieses Untersuchungsobjekts mit bereits etablierten und vergleichsweise leicht zugänglichen Einstellungshaltungen seitens der Probanden gerechnet werden.[258]

Die Untersuchung der Wirkung der Online-Markenpflege in virtuellen 3D-Communities für Unternehmen der Modebranche erscheint aufgrund des für diese Branche zu erwartenden hohen Erfolgspotenzials derartiger Marketingmaßnahmen

---

[256] Vgl. Götz/Liehr-Gobbers (2004), S. 731.
[257] Eigene Darstellung in Anlehnung an Herrmann/Huber/Kressmann (2006), S. 61; vgl. Chin/Newsted (1999), S. 312.
[258] Vgl. Simonin/Ruth (1998), S. 33 f.

naheliegend. Zwar fokussiert die vorliegende Studie nicht auf die Etablierung zusätzlicher Vertriebskanäle in virtuellen 3D-Communities;[259] die eindrucksvollen Umsatzentwicklungen der Online-Kleidungskäufe in den letzten Jahren lassen jedoch vermuten,[260] dass sich das Internet gerade für den Modebereich auch als geeignetes Medium der Markenkommunikation erweist. Der Bundesverband des Deutschen Versandhandels (BVH) errechnete für das Jahr 2007 ein Plus für den Online-Umsatz in Deutschland von rund 40 Prozent für Mode, Textilien und Schuhe. Mit knapp 4 Mrd. Euro Jahresumsatz war Mode demnach die am meisten gehandelte Produktgruppe im Internet.[261]

Innerhalb der Modebranche wurde die Marke Strellson des gleichnamigen Schweizer Herrenmodeherstellers als Untersuchungsobjekt gewählt.[262] Diese Wahl war aus zwei Gründen naheliegend: Zum einen begreift das Management der Strellson AG die Markenpflege als einen zentralen Bestandteil eines erfolgreichen Markenaufbaus und ist in diesem Zusammenhang stets bestrebt, innovative Kommunikationsmöglichkeiten zu nutzen.[263] Der zweite und für die Untersuchung entscheidende Grund für die Wahl der Marke Strellson war, dass das aufgestellte Kausalmodell u. a. auch auf die Wirkungen des wahrgenommenen Fits zwischen dem virtuellen und dem klassischen Markenauftritt abstellt und es sich daher empfiehlt, eine Modemarke zu wählen, die eine klar erkennbare „Linie“ in ihren Marketingkampagnen vertritt. Dadurch war es möglich, den Probanden eine eindeutige Bewertungsgrundlage zu bieten. Aufsehen erweckte das Unternehmen Strellson AG mit seiner Print-Kampagne im Jahr 1995. In dieser umstrittenen Kampagne wurde ein Mann mit verfilzten Haaren und sehr ausdrucksstarken Gesichtszügen in einem eleganten Anzug abgebildet. Um die Authentizität der Marke zu stärken posieren seit der damaligen Kampagne ausschließlich Männer, die zuvor nicht professionell als Models tätig waren. In

---

259 Vgl. zum Inhalt der Online-Markenpflege die Arbeitsdefinition des Kapitels 2.1. Es ist prinzipiell auch denkbar, die Maßnahmen der Markenkommunikation mit dem Vertrieb der Produkte (Kollektionen) der „realen Welt“ über Second Life zu verbinden. Dies ist jedoch nicht Gegenstand der vorliegenden Studie.

260 Müller (2007), S. 22.

261 Vgl. Müller (2007), S. 22.

262 Um den Rahmen der vorliegenden Studie nicht zu überspannen, wurde darauf verzichtet, die Kernmarke Strellson in der Untersuchung auf ihre Linien (Strellson Premium und Strellson Swiss Cross) herunterzubrechen.

263 Vgl. UBS (2007), S. 7.

der Vergangenheit regt Strellson dazu mit dezenten alltagsphilosophischen und sozialkritischen Betrachtungen zum Nachdenken an.[264]

4.2.2 Methode der Datenerhebung

Zur Überprüfung der theoretisch abgeleiteten Hypothesen und des aufgestellten Untersuchungsmodells war es notwendig, empirische Daten heranzuziehen. Da keine zugänglichen sekundärstatistischen Daten existierten mit deren Hilfe die Wirkung der Online-Markenpflege in virtuellen 3D-Communities umfassend erklärt werden konnte, wurde eine eigens auf das vorliegende Untersuchungsmodell ausgerichtete Primärdatenanalyse durchgeführt.[265]

Zur Erhebung der Daten stehen dem Forscher unterschiedliche Methoden zur Verfügung, wobei er sich bei seiner Wahl an dem Erhebungszweck und an den mit der jeweiligen Methode verbundenen Vor- und Nachteilen orientieren sollte. Für die vorliegende Studie, der keine größeren Forschungsressourcen zur Verfügung standen, erschien die schriftliche Befragung eine geeignete Erhebungsmethode zu sein. Diese gestattet eine kostengünstige und zeitsparende primärstatistische Überprüfung des aufgestellten Untersuchungsmodells und liefert zudem wissenschaftlich verwertbare Resultate.[266]

Da das Internet in den vergangenen Jahren stetig an Bedeutung gewonnen hat und der Anteil der Internetnutzer in Deutschland im ersten Quartal 2007 bereits bei 68 Prozent der Bevölkerung lag, stellt die Online-Befragung ein wertvolles Instrument dar.[267] Bei dieser Befragungsform wird der Fragebogen auf einem Server abgelegt und von den Befragungspersonen online beantwortet.[268] Da die Online-Befragung nicht als eine vollkommen neuartige Methode der Sozialforschung zu verstehen ist, sondern vielmehr eine innovative Technik der Fragebogenübertragung zum Be-

---

264 Vgl. UBS (2007), S. 6.
265 Vgl. Huber et al. (2005b), S. 38.
266 Vgl. Regier (2007), S. 152.
267 Vgl. Statistisches Bundesamt (2007). Der Anteil der Internetnutzer bezieht sich hierbei auf die Bevölkerung Deutschlands ab zehn Jahren. Der Anteil der Internetnutzer der 10- bis 24-Jährigen lag bei 94 Prozent. Der Anteil der Internetnutzer zwischen 25 und 54 Jahren lag bei 84 Prozent.
268 Vgl. Atteslander (2006), S. 156.

fragten darstellt, treffen die meisten Vor- und Nachteile der schriftlichen Befragung auch für die Online-Befragung zu.[269]

So zeichnen sich Online-Befragungen im Vergleich zu persönlichen oder telefonischen Interviews i. d. R. durch geringere variable Kosten aus.[270] Zudem ist es bei dieser Art der Befragung möglich, innerhalb eines relativ kurzen Zeitraums eine hohe Anzahl an Befragungspersonen zu erreichen.[271]

Weitere Vorteile der Online-Befragung bestehen in dem direkten Import der Antworten in eine Datenbank und der damit verbundenen Vermeidung von Erfassungsfehlern. Zudem gewährleistet die Online-Befragung eine hohe Erfassungsflexibilität, da die Teilnehmer den Zeitpunkt ihrer Teilnahme an der Studie selbst bestimmen können.[272] Des Weiteren ist bei dieser Art der Befragung eine schnelle Datenverfügbarkeit gewährleistet.[273] Daneben besteht hier die Möglichkeit, die Befragungspersonen bereits während der Befragung automatisch auf unvollständige oder unbeabsichtigt fehlerhafte Antworten aufmerksam zu machen, so dass nur vollständig ausgefüllte Datensätze bei der Untersuchung berücksichtigt werden.[274] Bei der Online-Befragung existiert zudem keine direkte Beeinflussung der Befragungsperson durch den Interviewer. Lediglich die Aufmachung des Fragebogens bietet potenzielle Ansatzpunkte für eine Beeinflussung der Befragungspersonen, welche jedoch nicht von der Tagesform des Interviewers abhängig ist, und sich damit auf alle Befragungspersonen gleichermaßen erstreckt.[275] Es gilt jedoch, den Fragebogen möglichst einfach und selbsterklärend zu gestalten, da auf Verständnisprobleme seitens der Befragungspersonen nicht weiter eingegangen werden kann.[276]

Als entscheidender Nachteil von Online-Befragungen wird in der Literatur oftmals die Problematik der unzureichenden Repräsentativität der Stichprobe angeführt. Diese

---

269 Vgl. Atteslander (2006), S. 156 ff.
270 Vgl. Diekmann (2006), S. 439.
271 Vgl. Regier (2007), S. 153.
272 Vgl. Regier (2007), S. 153.
273 Vgl. Holzner (2006), S. 98.
274 Vgl. Regier (2007), S. 153.
275 Vgl. Makhfi (2002), S. 63.
276 Vgl. Diekmann (2006), S. 439; vgl. Atteslander (2006), S. 147.

besteht dann, wenn die Grundgesamtheit nicht ausschließlich aus Internetnutzern besteht und die Online-Befragung als alleiniges Verfahren zur Datensammlung herangezogen wird.[277] Dieser Nachteil wird jedoch in der vorliegenden Studie teilweise entkräftet, da sich die Befragung themenbedingt primär an Internetnutzer richtet.[278] Der Internetzugang und -gebrauch stellt gerade die notwendige Vorraussetzung für die Teilnahme an virtuellen 3D-Communities dar.

Über die bisher dargestellten Vorteile der Online-Befragung hinaus besteht das wohl größte Potenzial dieser Befragungsform in der multimedialen Präsentation.[279] Hierbei besteht die Möglichkeit, statische und animierte Bilder mit Audio- und Videosequenzen zu verbinden. Die Einbettung solcher Medien stiftet unter Umständen eine erhöhte Motivation bei der Beantwortung und erleichtert zudem das benötigte Verständnis für komplexe Zusammenhänge.[280] Die Verwendung multimedialer Präsentationen dürfte demnach gerade bei innovativen Befragungsobjekten, bei denen die Befragungspersonen noch nicht über das notwendige Vorwissen verfügen, zu einer erhöhten Qualität der erhobenen Primärdaten führen. Es kann zudem konstatiert werden, dass „[…] der Fragebogen subjektiv als kürzer empfunden wird und fehlerhafte Antworten reduziert werden können".[281] Die Verwendung multimedialer Elemente ist jedoch mit erheblichen Einschränkungen verbunden. So muss bei der Programmierung des Fragebogens die Technikvarianz auf Seiten der Befragten berücksichtigt werden.[282] Die Gestaltung der Studie sollte sich daher am kleinsten gemeinsamen Nenner orientieren.[283] Aufgrund der bemerkenswerten Vorzüge der Online-Befragung werden die mit dieser Befragungsform verbundenen Nachteile in Kauf genommen.

---

277 Vgl. Holzner (2006), S. 98.

278 An dieser Stelle sei jedoch auf den Aspekt hingewiesen, dass potenzielle Einstellungswirkungen infolge eines unternehmerischen Engagements in einer virtuellen 3D-Community, abgesehen von der direkten Konfrontation der Community-Nutzer im Internet, bspw. auch durch Mund-zu-Mund-Propaganda oder durch Kenntnisnahme des virtuellen Markenauftritts durch Sekundärquellen (bspw. Printmedien) denkbar sind.

279 Vgl. Atteslander (2006), S. 156.

280 Vgl. Atteslander (2006), S. 156.

281 Atteslander (2006), S. 156.

282 Vgl. Luzar (2004), S. 105.

283 Vgl. Luzar (2004), S. 105.

4.2.3 Design des Experteninterviews und des Fragebogens

Um die theoretischen Erkenntnisse der vorliegenden Studie mit Erfahrungswerten aus der Unternehmenspraxis zu ergänzen, wurde ein Experteninterview durchgeführt, dessen Design im Folgenden vorgestellt werden soll.

Design des Experteninterviews

Im Rahmen dieser Studie wurde ein Experte der Strellson AG befragt.[284] Die Ergebnisse des Interviews flossen in die Konzeptionalisierung des Online-Fragebogens mit ein und dienten zudem zur Ableitung von Handlungsempfehlungen für die Markenpflege in virtuellen 3D-Communities.

Second Life bietet Unternehmen vielfältige Möglichkeiten, die eigene Markenpräsenz im virtuellen Raum umzusetzen. In diesem Zusammenhang erscheint es jedoch zweckdienlich, die Ausgestaltung der virtuellen Markenpräsenz nicht willkürlich, sondern vielmehr in Orientierung an die bestehenden, übergeordneten Marketingziele vorzunehmen.[285] Vor diesem Hintergrund ist es sinnvoll, den Aspekt der Nutzenvermittlung bzw. dessen Wahrnehmung durch (potenzielle) Konsumenten nicht isoliert zu untersuchen, sondern diesen in Bezug zu den Marketingzielen des jeweiligen Unternehmens zu stellen.

Das Experteninterview-Design griff diese Überlegungen auf und gliederte sich in drei konzeptionelle Einheiten:

1) Offene Fragen zur Identifizierung und Formulierung der Markenidentität und der Zielgruppe der Marke[286]

2) Ausgehend von der Markenidentität und der fokussierten Zielgruppe werden wesentliche Nutzentreiber identifiziert, die die Marke mit dem Markt „verbinden“

---

284 Das Interview mit dem Experten der Strellson AG fand in Form eines persönlichen Gesprächs statt und hatte eine Dauer von ca. einer Stunde und dreißig Minuten. Die Stellungnahmen des Experten wurden dabei während des Interviews manuell notiert. Zur Zitierung der entsprechenden Stellungnahmen im Rahmen der vorliegenden Studie dient die folgende Notation: Experteninterview Strellson AG (2007).

285 Vgl. hierzu die Definition der Online-Markenpflege aus Kapitel 2.1.

286 Vgl. zum Begriff der Markenidentität: Büttner (2006), S. 17 ff.

3) Offene Fragen zur Ermittlung von Chancen und Risiken der Markenpflege in virtuellen 3D-Communities zur Ableitung weiterführender Handlungsimplikationen

Die ersten beiden Einheiten flossen in die Fragebogen-Konzeptionalisierung ein und dienten dort zur unternehmenszielkonformen Operationalisierung des wahrgenommenen Nutzens der virtuellen Markenpräsenz.

Um eine zielkonforme Wirkung der Online-Kommunikationsmaßnahme zu gewährleisten, sollte der virtuelle Markenauftritt so ausgestaltet werden, dass der von diesem gestiftete Nutzen einen wahrnehmbaren Mehrwert für die fokussierte Zielgruppe darstellt und dabei die Identität der Marke transportiert. Dem wahrgenommenen Nutzen kommt hierbei eine Schlüsselrolle zu, da dieser als „Bindeglied“ zwischen der Marke und der zu erreichenden Zielgruppe fungiert und damit zur Bindung des Konsumenten an die Marke beiträgt. Eine erfolgreiche Marketingmaßnahme zeichnet sich nun dadurch aus, dass die „richtigen“ Konsumenten mit der „richtigen“ Ansprache erreicht werden. Die optimale Formulierung des zu vermittelnden Nutzens im Rahmen der Online-Markenpflege sollte sich daher immer im Dialog zwischen der fokussierten Zielgruppe und der Identität der jeweiligen Marke vollziehen.

„Tailoring brands to markets“ erfordert neben der klaren Bestimmung der fokussierten Zielgruppe insbesondere die Identifikation (unterschiedlicher Komponenten) des Markennutzens.[287] Bei der Konzeptionalisierung des wahrgenommenen Nutzens der virtuellen Markenpräsenz wurden vier Nutzenkomponenten berücksichtigt. Die Nutzen-Kategorisierung stützte sich dabei auf die Erkenntnisse einer Studie von *Sheth* und Kollegen. Die Autoren führen fünf Nutzenkomponenten an: Den funktionalen, emotionalen, sozialen, epistemischen und konditionalen Nutzen.[288] In Anlehnung an die Argumentation von *Sweeney/Soutar* wurde auf die Berücksichtigung der konditionalen Nutzenkomponente verzichtet. Den Autoren zufolge stellt dieser Nutzen lediglich eine Spezialform anderer Nutzenkomponenten dar und kann aus

---

[287] Vgl. Orth et al. (2004), S. 97.
[288] Vgl. Sheth et al. (1991), S. 160 ff.

diesem Grund bei der allgemeinen Nutzenmessung vernachlässigt werden.[289] Um die notwendige Trennschärfe zwischen den Begrifflichkeiten zu gewährleisten, wurde daneben die von *Sheth et al.* angeführte epistemische Nutzenkomponente durch die Komponente des Erlebnisnutzens ersetzt.[290] *Tabelle 4.4* gibt die Bedeutung der einzelnen Nutzenkomponenten wieder:

Funktionaler Nutzen	Wahrgenommener Nutzen, aufgrund der mit der virtuellen Markenpräsenz verbundenen funktionellen und nützlichen Leistung
Emotionaler Nutzen	Der wahrgenommene Nutzen, den die virtuelle Markenpräsenz aufgrund von Gefühlen oder Stimmungen generiert
Sozialer Nutzen	Der wahrgenommene Nutzen, den die virtuelle Markenpräsenz generiert, indem sie als Medium dazu beiträgt, das soziale Selbstverständnis des Besuchers zu stärken
Erlebnisnutzen	Der wahrgenommene Nutzen, den die virtuelle Markenpräsenz stiftet, indem sie die Neugier des Besuchers entfacht, ein Novum liefert und das Bedürfnis des Besuchers nach Abwechslung befriedigt

Tabelle 4.4: Nutzenkomponenten der virtuellen Markenpräsenz[291]

Jeder Nutzenkategorie wurden im Rahmen der Experteninterview-Konzeptionalisierung Nutzentreiber in der Form mehrerer Items untergeordnet. Die Gestaltung der Itembatterie zur funktionalen Nutzenkomponente orientierte sich dabei an einer Studie von *Chen/Wells*. Die Autoren ermittelten geeignete Items zur Messung der wahrgenommen Nützlichkeit und der Qualität des informativen Gehalts einer Webseite.[292] Für die Zusammenstellung der Itembatterie der emotionalen und sozialen Nutzenkomponente wurde auf die Erkenntnisse von *Sweeney/Soutar* zurückgegriffen.[293] Die Itembatterie des Erlebnisnutzens wurde auf Basis der Erkenntnisse von *Chandon/Wansink/Laurent* generiert, die in ihrer Arbeit den Nutzen aufgrund der Befriedigung des Bedürfnisses nach Exploration und Abwechslung

---

289 Vgl. Sweeney/Soutar (2001), S. 208. *Orth et al.* adaptieren an späterer Stelle die von Sweeney/Soutar entwickelte sogenannte PERVAL-Skala, zum Zweck der Messung des aus Sicht der Konsumenten gefragten Markennutzens: Vgl. Orth et al. (2004), S. 100.

290 Der Begriff des Erlebnisnutzens wurde im Rahmen dieser Arbeit konzeptionell an die Definition des epistemischen Nutzens angelehnt. Letzterer umfasst jedoch zusätzlich den Nutzen aufgrund von Informations- und Wissenszuwachs: Vgl. Sheth et al. (1991), S. 162. Diese Aspekte können im konkreten Fall einer internetbasierten Kommunikationsmaßnahme bereits als ein wesentlicher Bestandteil der funktionalen Nutzenkomponente angesehen werden.

291 Eigene Darstellung in Anlehnung an Sheth et al. (1991), S. 160 und Sweeney/Soutar (2001), S. 211. Letztere ziehen bei der Konzeptionalisierung der funktionalen Nutzenkomponente zudem den Aspekt des Preis-Leistungsverhältnisses heran. Dieser Aspekt soll im Zuge der vorliegenden Arbeit jedoch nicht weiter betrachtet werden.

292 Vgl. Chen/Wells (1999), S. 32.

293 Vgl. Sweeney/Soutar (2001), S. 211 f.

herausstellen.[294] Zudem wurde die Studie von *Mathwick/Malhotra/Rigdon* einbezogen. Das Autorengespann misst die Einstellung gegenüber einer bestimmten Webseite auf der Basis des von ihr ausgehenden wahrgenommenen Nutzens, wobei der Nutzen hierbei in der Möglichkeit besteht, durch den Einkauf auf der Webseite der realen Welt (temporär) zu entfliehen.[295]

Da bei der Konzeptionalisierung des wahrgenommenen Nutzens durch die virtuelle Markenpräsenz die Erkenntnisse mehrere Studien einflossen, konnte gewährleistet werden, dass die Auswahl möglicher Items nicht von vornherein zu stark eingeschränkt wurde.

Im Zuge des Interviews mit dem Experten der Strellson AG wurden die zusammengestellten Nutzentreiber je Nutzenkategorie einem Ranking unterzogen. Das Ranking der Nutzentreiber erfolgte dabei entsprechend ihres Potenzials, die Marke mit der fokussierten Zielgruppe zu verbinden. Dabei sollte die Ziffer „1“ mit dem Nutzentreiber korrespondieren, der das größte Potenzial verspricht. Die jeweils mit „1“ bewerteten Nutzentreiber jeder Nutzenkategorie wurden zur Operationalisierung des Konstruktes „wahrgenommener Nutzen der virtuellen Markenpräsenz“ herangezogen.[296]

Design des Fragebogens

Im Rahmen dieser Studie wurde ein Fragebogen programmiert, wobei zwei Filme mit zugehöriger Audiospur in den Fragebogen eingebettet wurden. Die Befragungspersonen hatten damit die Möglichkeit, einen Imagefilm von Second Life sowie einen weiteren Imagefilm der Modemarke Strellson zu sehen. Da nach einer Studie von *Millward Brown* in der zweiten Hälfte des Jahres 2007 europaweit bereits auf über 90 Prozent aller internetfähigen Computer eine Version des Adobe Flash-Players installiert war, wurden die Filme in abspielbare Adobe-Flash-Animationen konvertiert.[297] Zudem wurden die Animationen mit einem Steuermenü versehen, so dass die Befragungspersonen den Zeitpunkt der Wiedergabe frei wählen konnten und darüber hinaus die Möglichkeit hatten, die Animationen bei Bedarf zu unterbrechen

---

294 Vgl. Chandon/Wansonk/Laurent (2000), S. 69.
295 Vgl. Mathwick/Malhotra/Rigdon (2001), S. 46 ff.
296 Kapitel 4.3.8 informiert über die Ergebnisse des Rankings.
297 Vgl. Millward Brown (2007).

bzw. anzuhalten. Die Filme wurden dabei so gestaltet, dass sie eine Dauer von weniger als 45 Sekunden aufwiesen, um einen angemessenen zeitlichen Rahmen für die Beantwortung des Fragebogens zu gewährleisten und überhöhten Abbruchquoten vorzubeugen.

Denjenigen Befragungspersonen, die keinen Flash-Player installiert hatten, wurde angeboten, sich ein kostenloses Webbrowser-Plugin zum Abspielen der Shockwave-Inhalte herunterzuladen.[298] Um hierbei der Selbstselektion der Befragungspersonen, aufgrund einer potenziellen Skepsis gegenüber Plugin-Software, zu begegnen, wurden die Filme jeweils mit aussagekräftigen Hintergrundbildern hinterlegt. Bei Fehlen des Flash-Players waren diese Imagebilder an der Position des entsprechenden Filmes zu sehen und dienten so jenen Befragungspersonen zur Orientierung, die sich gegen das Herunterladen der Plugin-Software entschieden.

Neben den Flash-Filmen und den korrespondierenden Hintergrundbildern wurden auch weitere Bildelemente innerhalb des Fragebogens verwendet. So wurden den Teilnehmern der Befragung zwei Beispielbilder des damaligen Showrooms der Firma American Apparel in Second Life gezeigt, damit diese einen konkreten Eindruck von den grafischen Gestaltungsmöglichkeiten in dieser virtuellen 3D-Community gewinnen konnten. Zur Abfrage des wahrgenommenen Fits zwischen dem virtuellem und dem klassischen Markenauftritt, und damit auch des Markenlabel-Fits,[299] war es zudem notwendig, die Befragungspersonen mit der aktuellen Kommunikations-Kampagne von Strellson zu konfrontieren. Dazu wurden den Probanden repräsentative Auszüge der aktuellen Online- und Print-Kampagne präsentiert. Zur Darstellung der Online-Kampagne wurden ausgewählte Screenshots von der Webseite

---

[298] Der Begriff Shockwave bezeichnet eine Software des Herstellers Macromedia (mittlerweile aufgekauft von Adobe) zum Zweck der Darstellung interaktiver Inhalte im Internet.

[299] Eine Berücksichtigung des Markenlabels erscheint in diesem Zusammenhang sinnvoll. Motive für eine Änderung oder Anpassung des Markenlabels könnten beispielsweise in der Reduzierung negativer Spill-over-Effekte bei Scheitern der Kampagne in der virtuellen 3D-Community oder auch in der Hoffnung auf positive Imagewirkungen, infolge innovativer Impulse liegen. Zudem es auch denkbar, dass man mit einem derartigen Markenauftritt dem Bedürfnis bestehender Kunden, alternative Produkte zu konsumieren (Variety Seeking), begegnet. Ein weiteres Motiv für ein eigens für die virtuelle 3D-Community entwickeltes Markenlabel könnte darin bestehen, den Teilnehmer gedanklich nicht zu stark aus der virtuellen Welt entrücken zu wollen, und damit von dessen hohen Involvement zu profitieren. Als ein Beispiel für eine Neuschöpfung des Markenlabels kann der Markenauftritt von Bild.T-Online (als „The AvaStar“ in Second Life vertreten) genannt werden.

der Strellson AG gezeigt und die Kernelemente der Webseite erläutert.[300] Daneben wurden Ausschnitte der aktuellen Print-Kampagne gezeigt und zum Teil mit Hintergrundinformationen ergänzt. Zudem wurde den Teilnehmern die Zielgruppe von Strellson angegeben.

Im Anschluss daran wurde ein fiktives Konzept für den Markenauftritt von Strellson dargestellt. Es wurde unterstellt, dass es sich bei dem geplanten Markenauftritt des Modeunternehmens um die Errichtung eines Showrooms in Second Life handelt, in dem eine Auswahl der aktuellen Kollektion unter dem Markenlabel b.different by strellson vorgestellt wird. Der Besucher des Showrooms hat hier die Möglichkeit, Teile der aktuellen Kollektion anzuprobieren und für einen Preis von umgerechnet 1 Euro als virtuelles Kleidungsstück zu erwerben und dieses dann in Second Life zu tragen. Zu diesem Zweck wurde ein Markenlabel für den Markenauftritt in Second Life entwickelt und den Befragungspersonen präsentiert.

Bei der Konzeption des Fragebogens kam, mit Ausnahme der soziodemografischen Fragen, eine standardisierte siebenstufige Likert-Skala zur Anwendung, mit deren Hilfe die gefühlsmäßige, gedankliche und handlungsgemäße Disposition gegenüber einem Umweltaspekt gemessen werden kann.[301] Ein entscheidender Vorteil dieser Skala besteht darin, dass keine Voruntersuchung zur Gewichtung der einzelnen Items notwendig ist (wie bei der Thurstone-Skala).[302] Die einzelnen Skalen-Items sind dabei intervallskaliert.[303] Dies bedeutet, dass den Objekten eines empirischen Relativs Zahlen zugeordnet werden, „[...] die so geartet sind, dass die Rangordnung der Zahlendifferenzen zwischen je zwei Objekten der Rangordnung der Merkmalsunterschiede zwischen je zwei Objekten entspricht".[304] Bei der Likert-Skala, die auch als „Methode der summierten Ratings" bezeichnet wird, kommen Rating-Skalen zum Zweck der Selbsteinschätzung zur Anwendung.[305] Die hierbei verwendeten Items

---

300 Die Formulierung der Kernelemente folgte dabei der Analyse der Webseite nach den Kriterien Interaktionsmöglichkeit, Produkt- und Kollektionsinformation (einschließlich Händlerinformationen), Medienintegration und Navigation.

301 Vgl. Greving (2007), S. 73.

302 Vgl. Brosius/Haas/Koschel (2007), S. 62.

303 Vgl. Brosius/Haas/Koschel (2007), S. 62.

304 Bortz/Döring (2002), 72.

305 Die Likert-Skala entspricht einer itembezogenen Rating-Skala, da jede Kategorie der Skala nummeriert und/oder benannt ist. Die Skalen-Items beziehen sich dabei jeweils auf ein theoretisches Konstrukt: Vgl. Algesheimer (2004), S. 302, vgl. Bortz/Döring (2002), S. 70 ff.

besitzen die Form von Statements, wobei die Probanden dazu aufgefordert werden, den Grad ihrer Zustimmung hinsichtlich einer Reihe dieser Statements zu indizieren.[306] Im Rahmen der vorliegenden Studie wurde dazu jede Kategorie der Skala durchlaufend mit den Zahlen „1“ bis „7“ numerisch verankert. Zudem wurde der Skalenendpunkt „1“ mit der Einschätzung „Stimme völlig zu“ und der Skalenendpunkt „7“ mit der Einschätzung „Stimme überhaupt nicht zu“ verbal verankert. Die jeder Antwortmöglichkeit zugeordneten, ganzen rationalen Zahlen konnten als Messwerte herangezogen werden.[307] Zum Zweck der Übersichtlichkeit wurden alle Indikatoren nach den betreffenden Konstrukten geordnet.

Der konstruierte Fragebogen umfasste 18 Fragenkomplexe und wurde im Rahmen eines Pretests 10 ausgewählten Personen vorgelegt, die diese nach den Kriterien „Verständlichkeit“ und „Übersichtlichkeit“ testeten. Dabei erfüllten die Ergebnisse des Pretests beide Kriterien. Abschließend wurde der optische Aufbau sowie die Funktionalität des Online-Fragebogens für die gängigsten Internet-Browser optimiert.

4.2.4 Deskriptive Datenanalyse

In der Untersuchung wurden 264 vollständig beantwortete Fragebögen berücksichtigt. Die Erhebungspopulation setzte sich dabei zu 43 Prozent aus weiblichen und zu 57 Prozent aus männlichen Probanden zusammen. *Tabelle 4.5* informiert zudem über die Altersstruktur der Probanden:

Altersgruppe	**Prozentualer Anteil an der Erhebungspopulation**[308]
< 18 Jahre	0%
18 – 21 Jahre	7%
22 – 29 Jahre	70%
30 – 40 Jahre	14%
> 40 Jahre	8%

Tabelle 4.5: Altersstruktur der Probanden

306 Vgl. Schumann (2006), S. 37, vgl. Algesheimer (2004), S. 302.
307 Vgl. Atteslander (2006), S. 222, vgl. Schumann (2006), S. 37.
308 Die Tabelle enthält gerundete Werte.

Die Tatsache, dass Second Life bereits vor der Umfrage ca. 82 Prozent der Probanden bekannt war, spiegelt die Medienpräsenz dieser virtuellen 3D-Community wider. Wiederum ca. 27 Prozent dieser Probanden (58 Personen) hatten die Community auch schon aktiv genutzt.[309] Die Kompatibilität zwischen Second Life und dem Markenimage von Strellson wurde mit einem Durchschnittswert von 3,8 eingeschätzt.

Der Anteil der männlichen Second Life-Nutzer lag dabei mit ca. 72 Prozent deutlich über dem Anteil der weiblichen Nutzer von 28 Prozent. Die auf Basis der erhobenen Daten ermittelte Altersstruktur der Second Life-Nutzer kann *Tabelle 4.6* entnommen werden. Hierbei lässt sich u. a. ein relativ hoher Anteil der 30 bis 40 jährigen Second Life-Nutzer feststellen, der dabei deutlich über dem Anteil der dieser Altersgruppe angehörigen Personen an der Gesamterhebungspopulation liegt.

Altersgruppe	**Prozentualer Anteil der Nutzer von Second Life**
18 – 21 Jahre	3%
22 – 29 Jahre	57%
30 – 40 Jahre	31%
> 40 Jahre	9%

Tabelle 4.6: Altersstruktur der Second Life-Nutzer

Daneben wurde das durchschnittliche monatliche Bruttoeinkommen der Teilnehmer von Second Life ermittelt. Die ermittelten Werte lassen erste Schlüsse bezüglich der von den Second Life-Nutzern zu erwartenden Kaufkraft in der realen Welt zu und sind in *Tabelle 4.7* zusammengestellt:

Durchschnittliches monatliches Bruttoeinkommen	**Prozentualer Anteil der Nutzer von Second Life**
< 400 Euro	9%
400 – 1000 Euro	29%
1001 – 2000 Euro	12%
2001 – 3000 Euro	21%
3001 – 4000 Euro	12%
> 4000 Euro	17%

Tabelle 4.7: Einkommensstruktur der Second Life-Nutzer

309 Der relativ hohe Anteil aktiver Nutzer könnte hierbei darauf zurückgeführt werden, dass der Befragungslink zur Studie u. a. in zahlreichen fachverwandten Online-Foren kommuniziert wurde.

Demnach bezog der größte Anteil der befragten Second Life-Nutzer ein Bruttoeinkommen zwischen 400 und 1000 Euro. Daneben waren jedoch auch höhere Einkommensschichten in einem relativ hohen Ausmaß vertreten. Die gewonnenen Daten sind jedoch nicht unkritisch zu betrachten. Sicherlich ist mit der Versendung des Befragungslinks bereits ein gewisser Selektionseffekt bezüglich der Erhebungspopulation verbunden. Dennoch lässt sich auf Basis der Daten vermuten, dass eine möglichst „breite“ Ansprache der Nutzer von Second Life momentan nicht unbedingt große Umsatzerfolge in der realen Welt nach sich ziehen wird und eine „passgenaue“ Ansprache der jeweils fokussierten Zielgruppe von hoher Bedeutung für den Erfolg virtueller Kampagnen sein dürfte.

Abschließend kann konstatiert werden, dass nur 55 Prozent der Second Life-Nutzer angaben, die virtuelle Community auch wirklich regelmäßig zu nutzen.[310] Außerdem konnte festgestellt werden, dass der Anteil der Second Life-Nutzer deutlich hinter dem Anteil der Personen zurückbleibt, die alternative Online-Communities (bspw. www.studivz.net, www.myspace.com oder www.xing.com) nutzen. So gaben 57 Prozent (22 Prozent) der Probanden an, täglich (wöchentlich) derartige Online-Communities zu nutzen. Die hohe Zahl der regelmäßigen Nutzer alternativer Online-Communities lässt an dieser Stelle auf ein großes Potenzial virtueller 3D-Communities für die unternehmerische Markenpflege in der Zukunft schließen.

4.3 Operationalisierung der zu untersuchenden Konstrukte

4.3.1 Kaufabsicht

Die Kaufabsicht in der realen Welt stellt die Zielvariable des im Rahmen dieser Studie aufgestellten Kausalmodells dar. Nach *Ajzen/Fishbein* kann die Kaufabsicht als ein geeignetes Konstrukt zur Prognose des tatsächlichen Kaufverhaltens betrachtet werden.[311] Die Operationalisierung des Zielkonstrukts orientierte sich an der Skala von *Ajzen/Brown/Carvajal*, die eine reliable und valide Messung der Verhaltensintention anhand einer siebenstufigen Skala mit zwei Items durchführten.[312]

---

310 Unter der Kategorie der regelmäßigen Nutzung wurden hier alle Probanden zusammengefasst, die angaben, dass sie etwa einmal pro Monat, wöchentlich oder täglich Second Life besuchten.
311 Ajzen/Fishbein (1980), S. 159.
312 Vgl. Ajzen/Brown/Carvajal (2004), S. 1108 ff.

Dabei wurden die Probanden gefragt, inwiefern sie ein bestimmtes Verhalten „beabsichtigen“ bzw. „planen“. Mit einem Cronbach's Alpha von 0,93 erwies sich die Messung als hinreichend reliabel.[313] Nach *Homburg/Dobratz* empfiehlt es sich allerdings, einer latenten Variablen mehrere Indikatoren zuzuordnen, um potenziellen Verzerrungen bei der Messung des Zielkonstrukts zu entgegnen.[314] Daher wurde der latenten Variablen ein weiterer Indikator zugeordnet, der dem Messmodell von *MacKenzie/Lutz/Belch* entlehnt wurde. Die Autoren führen in ihrer Studie eine reliable und valide Messung der Kaufabsicht gegenüber einer bestimmten Marke durch.[315] Da die Verhaltensabsicht im Rahmen der Theorie des überlegten Handelns zudem als subjektiv wahrgenommene Wahrscheinlichkeit in einer bestimmten Art und Weise zu handeln definiert ist,[316] erweist sich der ergänzende Indikator als zweckmäßig. *Tabelle 4.8* fasst die Operationalisierungen für das Zielkonstrukt Kaufabsicht zusammen.

1.	Ich beabsichtige, in der nächsten Zeit Kleidung der Marke Strellson zu kaufen.
2.	Ich werde in der nächsten Zeit mit hoher Wahrscheinlichkeit Kleidung der Marke Strellson probieren.
3.	Ich plane, in der nächsten Zeit Kleidung der Marke Strellson zu kaufen.

Tabelle 4.8: Operationalisierung der Kaufabsicht

Der im Rahmen der Theorie des geplanten Verhaltens untersuchte Einfluss der wahrgenommenen Verhaltenskontrolle auf die Verhaltensintention wurde in der vorliegenden Studie nicht berücksichtigt, da die Theorie des überlegten Handelns nach *Ajzen* keiner Erweiterung bedarf, sofern das Modell zur Vorhersage eines freiwilligen Verhaltens dient, das ausschließlich dem eigenen Willen unterliegt.[317] Wird der Kauf von Kleidung einer bestimmten Modemarke betrachtet, so ist davon auszugehen, dass außer monetären Restriktionen keine wesentlichen wahrgenommenen Verhaltensbeschränkungen bestehen. Um potenziellen Verzerrungen bei der Messung zu entgegnen, war es in der vorliegenden Studie daher ausreichend, der Skala

313 Vgl. Magin (2004), S. 136.
314 Vgl. Homburg/Dobratz (1998), S. 450.
315 Vgl. MacKenzie/Lutz/Belch (1986), S. 134 f.
316 Vgl. Liebe (2007), S. 68.
317 Vgl. Eagly/Chaiken (1993), S. 186.

zur Messung der Kaufabsicht die Aufforderung voranzustellen, die Fragen ohne die Berücksichtigung von eventuellen finanziellen Beschränkungen zu beantworten.[318] Aufgrund der in Kapitel 4.1.1 dargestellten Argumentation handelt es sich bei der aufgestellten Itembatterie des Konstruktes „Kaufabsicht“ um ein reflektives Messmodell.

4.3.2 Einstellung zum Kauf der Marke

Bei der Operationalisierung der Konstrukte „Einstellung zum Kauf der Marke in der realen Welt“ und „Einstellung zum Kauf der Marke in der virtuellen Community“ wurde auf die Erkenntnisse von *Ajzen/Brown/Carvajal* zurückgegriffen. Die Autoren messen in ihrer Studie die Einstellung gegenüber dem Verhalten anhand von zehn semantischen Differentialen mit sieben Punkten. Die semantischen Differentiale besitzen dabei die folgenden Endpole: „Harmful/beneficial“, „undesirable/desirable“, „unpleasant/pleasant“, „good/bad“, „reasonable/unreasonable“, „comfortable/uncomfortable“, “negative/positive”, “fair/unfair”, “enjoyable/unenjoyable” und “wrong/right”.[319] Zur direkten Einstellungsmessung diente hierbei der über die Skalen berechnete Mittelwert bezüglich der Antworten aller Probanden.[320] Die interne Reliabilität dieser Messung war mit einem Cronbach’s Alpha von 0,90 hinreichend gegeben.[321]

Das postulierte Kausalmodell der vorliegenden Studie weist jedoch eine deutlich höhere Anzahl zu erhebender Konstrukte auf als das Modell von *Ajzen/Brown/Carvajal*. Um die benötigte Dauer zur Beantwortung des gesamten Fragebogens nicht übermäßig auszuweiten und der damit verbundenen Gefahr einer überhöhten Abbruchquote seitens der Probanden zu entgegnen, wurde nur eine geeignete Auswahl der oben genannten Adjektive zur Ableitung der Konstruktindikatoren herangezogen.

Nach der Übersetzung der Adjektive und der Modifikation der Skalen-Art wurden für die Marke Strellson die in *Tabelle 4.9* dargestellten Items zur Messung des Konstrukts „Einstellung zum Kauf der Marke in der realen Welt“ herangezogen.

318 Vgl. Huber et al. (2005a), S. 25 f.
319 Vgl. Ajzen/Brown/Carvajal (2004), S. 1108 ff.
320 Vgl. Ajzen/Brown/Carvajal (2004), S. 1113.
321 Vgl. Magin (2004), S. 136.

1.	Meiner Meinung nach ist es gut, die Marke Strellson in der realen Welt zu kaufen.
2.	In meinen Augen ist es sinnvoll, die Marke Strellson in der realen Welt zu kaufen.
3.	Es reizt mich, die Marke Strellson in der realen Welt zu kaufen.
4.	Ich stehe dem Kauf der Marke Strellson in der realen Welt positiv gegenüber.
5.	Ich finde es ansprechend, die Marke Strellson in der realen Welt zu kaufen.

Tabelle 4.9: Operationalisierung der Einstellung zum Kauf der Marke in der realen Welt

Die Operationalisierung des Konstrukts „Einstellung zum Kauf der Marke in der virtuellen Community“ wurde analog zu der vorangegangen Argumentation durchgeführt. Dabei wurde den Items jedoch der im Rahmen der Konzeptionalisierung des virtuellen Markenauftritts unterstellte Name der Modemarke in Second Life zugrunde gelegt.[322] Danach ergaben sich die folgenden Items, die zur Konstruktmessung genutzt wurden:

1.	Meiner Meinung nach ist es gut, die Marke b.different in Second Life zu kaufen.
2.	In meinen Augen ist es sinnvoll, die Marke b.different in Second Life zu kaufen.
3.	Es reizt mich, die Marke b.different in Second Life zu kaufen.
4.	Ich stehe dem Kauf der Marke b.different in Second Life positiv gegenüber.
5.	Ich finde es ansprechend, die Marke b.different in Second Life zu kaufen.

Tabelle 4.10: Operationalisierung der Einstellung zum Kauf der Marke in der virtuellen Community

Das Konstrukt „Einstellung zum Kauf der Marke in der virtuellen Community“ zeichnet sich jedoch aus Sicht der Probanden durch einen hohen Abstraktionsgrad aus. Um die Validität der Messung zu erhöhen wurde der Skala im Fragebogen daher ein Text vorausgestellt, der die Befragungspersonen dazu anhielt, sich vor der Bewertung der Items gedanklich noch einmal verstärkt in die Welt von Second Life hineinzuversetzen.

Bei den Itembatterien der Konstrukte „Einstellung zum Kauf der Marke in der realen Welt“ und „Einstellung zum Kauf der Marke in der virtuellen Community“ handelt es sich aufgrund der in Kapitel 4.1.1 beschriebenen Argumentation um reflektive Messmodelle.

---

322 Vgl. zu der Konzeptionalisierung des fiktiven virtuellen Markenauftritts Kapitel 4.2.3.

4.3.3 Einstellung gegenüber der Marke

Zur Operationalisierung des Einstellungskonstrukts stehen dem Forscher prinzipiell drei Ansätze zur Verfügung: Die Messung der Einstellung anhand diverser Statements, die speziell auf das Einstellungsobjekt bezogen sind (bspw. „Die Marke Strellson ist idealistisch"), die getrennte Erfassung der kognitiven und affektiven Dimension der Einstellung durch entsprechende Items und schließlich die generelle Messung der Einstellung.[323]

Im Rahmen der vorliegenden Studie gilt es, den (allgemeinen) Einfluss der Einstellung zur Marke auf die Kaufabsicht zu bestimmen. Für das Untersuchungsziel ist es daher nicht notwendig, eine starke Spezialisierung vorzunehmen, sondern die Operationalisierung derart auszugestalten, dass eine möglichst umfassende und generelle Messung des Einstellungskonstrukts gewährleistet wird. In der Literatur finden sich zahlreiche Beiträge zur Messung der generellen Einstellung gegenüber einer bestimmten Marke.[324] *Cho/Leckenby* messen die allgemeine Einstellung gegenüber einer bestimmten Marke anhand einer fünfstufigen Likert-Skala mit den folgenden drei Items: „I like", „is satisfactory" und „is desirable".[325] Das von den Autoren verwendete Messmodell erwies sich dabei als hinreichend valide und reliabel. Die Items wurden im Rahmen der vorliegenden Studie sprachlich übersetzt und in Bezug zu der jeweiligen Modemarke gesetzt. Die ursprüngliche Itembatterie wurde dabei aus Gründen der sprachlichen Anpassung geringfügig modifiziert. Für die Messung wurde die ursprüngliche Skala zudem in eine siebenstufige Likert-Skala transferiert. *Tabelle 4.11* zeigt die verwendeten Items zur Messung der Einstellung gegenüber der Marke Strellson in der realen Welt:

1.	Ich mag die Marke Strellson.
2.	Ich finde die Marke Strellson überzeugend.
3.	Die Marke Strellson ist meiner Meinung nach begehrenswert.

Tabelle 4.11: Operationalisierung der Einstellung gegenüber der Marke

Auch in diesem Fall handelt es sich um ein reflektives Messmodell.

---

323 Vgl. Huber et al. (2005a), S. 24.
324 Eine Zusammenstellung unterschiedlicher Operationalisierungsmöglichkeiten der Einstellung gegenüber einer Marke bietet Prykop (2005), S. 193.
325 Vgl. Cho/Leckenby (1998).

4.3.4 Einstellung gegenüber dem virtuellen Markenauftritt

Auch das Konstrukt „Einstellung gegenüber dem virtuellen Markenauftritt“ wurde in einer allgemeinen Form operationalisiert. Dazu wurde eine Studie von *Coyle/Thorson* herangezogen. Die Autoren führten eine valide und reliable Messung bezüglich der generellen Einstellung einer Person gegenüber einer bestimmten Webseite durch. Dabei nutzen sie 3 semantische Differentiale mit 7 Punkten. Die Skalen-Items lauteten dabei „bad/good“, „unfavorable/favorable“ und „dislike/like“.[326] Diese Skalen wurden im Rahmen der Operationalisierung in eine siebenstufige Likert-Skala umgewandelt. Nach der sprachlichen Übersetzung der Items und deren inhaltlichen Anpassung an das Untersuchungsobjekt der vorliegenden Studie ergaben sich die folgenden Indikatoren, die zur Erfassung der Einstellung gegenüber dem Markenauftritt in Second Life genutzt wurden:

1.	Ich finde den Markenauftritt von Strellson in Second Life gut.
2.	Ich stehe dem Markenauftritt von Strellson in Second Life positiv gegenüber.
3.	Der Markenauftritt von Strellson in Second Life gefällt mir.

Tabelle 4.12: Operationalisierung der Einstellung gegenüber dem virtuellen Markenauftritt

4.3.5 Subjektive Norm in der virtuellen Community

Das Konstrukt „Subjektive Norm in der virtuellen Community“ findet seinen theoretischen Hintergrund in der Theorie des überlegten Handelns und deren Weiterentwicklung zu der Theorie des geplanten Verhaltens. *Ajzen/Brown/Carvajal* führten auf der Basis der Theorie des geplanten Verhaltens eine Studie zur Begründung von Verhaltensweisen durch, die sich nicht mit der Verhaltensintention des Individuums erklären ließen.[327] Dabei wurden 160 Studenten danach befragt, ob sie im Rahmen eines Referendums dafür stimmen würden, dass sich Studenten mit acht USD an einem Wissenschaftsfond beteiligen sollten. Im Rahmen dieser Studie führten die Autoren eine direkte Messung der subjektiven Norm anhand von drei siebenstufigen Skalen durch.[328] Die Probanden sollten hierbei bewerten, inwiefern relevante

---

[326] Vgl. Coyle/Thorson (2001), S. 71.
[327] Vgl. Ajzen/Brown/Carvajal (2004), S. 1008 ff.
[328] Vgl. Ajzen (2002a), S. 6. Bei der überzeugungsbasierten Messung der subjektiven Norm wird die Fügsamkeitsmotivation und die normativen Überzeugungen für jede Referenzperson oder -gruppe miteinander multipliziert und die resultierenden Produkte über alle Referenzpersonen bzw. -

Bezugspersonen dieses Verhalten befürworten, erwarten und selbst ausführen würden. Das Messmodell erwies sich dabei mit einem Cronbach's Alpha von 0,85 als hinreichend reliabel.[329] Allerdings formulieren nur zwei der drei von den Autoren genutzten Items dabei eine eindeutige wahrgenommene Erwartungshaltung der relevanten Bezugsgruppe. Das dritte Item berücksichtigt diese Erwartungshaltung nur indirekt, da hier lediglich nach der Einschätzung gefragt wurde, ob relevante Dritte dieses Verhalten selbst auch zeigen würden. Da jedoch nicht generell davon ausgegangen werden kann, dass damit automatisch ein wahrgenommener sozialer Druck verbunden ist, wurde das dritte von den Autoren angeführte Item zur Operationalisierung des Konstrukts der subjektiven Norm in der virtuellen Community modifiziert. Die ursprünglich von *Ajzen/Brown/Carvajal* zur Messung der subjektiven Norm verwendeten Skalen wurden zudem in eine siebenstufige Likert-Skala transferiert. Die Indikatoren wurden sprachlich übersetzt und für den Kontext des Kaufs der Marke in Second Life spezifiziert. Auch in diesem Fall wurde der für den fiktiven Markenauftritt in Second Life unterstellte Markenname bei den Formulierungen verwendet:

1.	Diejenigen Teilnehmer von Second Life, auf deren Meinung ich Wert lege, würden es befürworten die Marke b.different zu kaufen.
2.	In Second Life wird von mir erwartet, die Marke b.different zu kaufen.
3.	Der Großteil der für mich relevanten Bezugspersonen in Second Life denkt, ich sollte die Marke b.different kaufen.

Tabelle 4.13: Operationalisierung der subjektiven Norm in der virtuellen Community

Um die Probanden für die komplexe unterstellte Situation zu sensibilisieren und damit die Güte der erhobenen Daten zu erhöhen, wurde der Skala ein einleitender Text vorangestellt, der die Befragungspersonen dazu aufforderte, sich vorzustellen, wie sie in der Welt von Second Life auf andere Teilnehmer wirken möchten, wobei sie auch beachten sollten, dass sich die von ihnen favorisierten Bezugsgruppen u. U. stark von denen des alltäglichen Lebens unterscheiden können.

gruppen aufsummiert. Vgl. zu den Determinanten der subjektiven Norm: Kapitel 3.2.2. Die direkte Messung kann jedoch als hinreichend betrachtet werden, da davon ausgegangen werden kann, dass die Probanden bei der Abfrage subjektiver Normen bereits ihre Fügsamkeitsmotivation bedenken: Vgl. Slaby/Urban (2002), S. 20 ff.

329 Vgl. Ajzen/Brown/Carvajal (2004), S. 1113.

Da auch in diesem Fall die latente Variable als Ursachenquelle für ihre Indikatoren angesehen werden kann, handelt es sich bei der dargestellten Operationalisierung der subjektiven Norm ebenfalls um ein reflektives Messmodell.[330]

4.3.6 Community-Kompatibilität des Markenimages

Bei der Operationalisierung des Konstrukts „Community-Kompatibilität des Markenimages“ wurde auf die Erkenntnisse verwandter Themengebiete zurückgegriffen. So führten *Rifon et al.* eine valide und reliable Messung der Kongruenz zwischen einem Sponsor (in Form eines real existierenden Unternehmens) und dem Inhalt einer fiktiven Webseite durch,[331] die als Plattform der Sponsoringmaßnahme fungierte.[332] Die wahrgenommene Kongruenz zwischen Sponsor und Sponsoringnehmer sehen die Autoren dabei generell als das Resultat eines direkten funktionalen Zusammenhangs oder eines imagebezogenen, indirekten Zusammenhangs an.[333] *Rifon et al.* operationalisieren die empfundene Kongruenz zwischen dem Sponsor und dem Inhalt der Webseite anhand eines siebenstufigen semantischen Differentials. Dabei werden die folgenden drei Items verwendet: “Not compatible/compatible”, “not a good fit/a good fit” und “congruent/not congruent”.[334]

Neben der Sponsoringforschung flossen auch die Erkenntnisse der Forschung zum Markentransfer in die Konstruktoperationalisierung mit ein. *Wieseke* operationalisiert das Konstrukt “Image-Fit” zwischen Markentransfer und Muttermarke mit Hilfe einer sechsstufigen Rating-Skala mit den folgenden drei Items: „Ich finde, die neue Marke passt gut zu Marke Y“, „die neue Marke passt zum Image von Marke Y“ und „ich finde, die neue Marke für Marke Y angemessen“.[335] Dem Messmodell konnte dabei eine hinreichende Reliabilität und Validität bescheinigt werden.[336]

---

[330] Vgl. Fassott (2006), S. 68.
[331] Die Begriffe „Kongruenz“, „Fit“ und „Kompatibilität“ sind in ihrer Bedeutung als deckungsgleich anzusehen. Die Koexistenz der Begriffe ist lediglich durch deren Herkunft aus unterschiedlichen Forschungsschwerpunkten zu erklären: Vgl. Rifon et al. (2004), S. 30.
[332] Vgl. Rifon et al. (2004), S. 32 ff.
[333] Vgl. Rifon et al. (2004), S. 30.
[334] Vgl. Rifon et al. (2004), S. 33.
[335] Vgl. Wieseke (2004), S. 108. Der Name der Muttermarke wird hierbei durch Marke Y symbolisiert.
[336] Vgl. Wieseke (2004), S. 200 ff.

Durch die Kombination der Ansätze aus Sponsoring- und Markentransferforschung, der Übersetzung der von *Rifon et al.* genutzten Items, sowie durch den Transfer der Skalenarten in eine siebenstufige Likert-Skala konnten die folgenden drei Indikatoren zur Operationalisierung des Konstrukts „Community-Kompatibilität des Markenimages“ abgeleitet werden:

1.	Meiner Meinung nach passt das Image der Marke Strellson gut zum Image von Second Life.
2.	Die Marke Strellson ist meiner Meinung nach kompatibel mit Second Life.
3.	Das Image der Marke Strellson und das Image von Second Life stimmen weitgehend überein.

Tabelle 4.14: Operationalisierung der Community-Kompatibilität des Markenimages

Da die Veränderung der Variablen mit einer Veränderung aller zugehörigen Indikatoren verbunden wäre, handelt es sich bei der Community-Kompatibilität des Markenimages um ein reflektives Messmodell.[337]

4.3.7 Fit zwischen virtuellem und klassischem Markenauftritt

Neben der Community-Kompatibilität des Markenimages gilt es ferner, den wahrgenommenen Fit zwischen dem Markenauftritt in der virtuellen 3D-Community und dem klassischen Markenauftritt zu operationalisieren. Dieses theoretische Konstrukt umfasst dabei, neben der wahrgenommenen Kongruenz der inhaltlichen Kampagnenbotschaften und deren Inszenierungen, implizit auch technische und funktionale Facetten der Kompatibilität (wie bspw. die graphischen Darstellungsmöglichkeiten in Second Life im Vergleich zu den Darstellungsmöglichkeiten auf der klassischen Webseite),[338] sowie den wahrgenommen Fit des klassischen und virtuellen Markenlabels.

Auch hier konnte bei der Operationalisierung auf die vorangestellten Erkenntnisse der Sponsoring- und Markentransferforschung zurückgegriffen werden. Analog zu

---

337 Vgl. Herrmann/Huber/Kressmann (2006), S. 47.

338 Einen funktionalen Aspekt des wahrgenommenen Fits stellt bspw. die wahrgenommene Ähnlichkeit der Navigationsmodalitäten der Homepage im Vergleich zu denen in der virtuellen Community dar. So ist bspw. die Webseite von Strellson in der jüngsten Zeit von Coma2 e-branding relaunched worden. Die neue Homepage weist nun durchaus dreidimensionale und interaktive Elemente bei der Präsentation der Kollektionen auf. Es ist zu vermuten, dass sich derartige Gesichtspunkte auf den wahrgenommenen Fit zwischen einer virtuellen 3D-Community wie Second Life und der Marke Strellson auswirken.

der Argumentation bezüglich der Operationalisierung der Community-Kompatibilität des Markenimages wurden die folgenden Indikatoren zur Messung des Fits zwischen dem virtuellen und dem klassischen Markenauftritt abgeleitet:

1.	Meiner Meinung nach passt der geplante Markenauftritt von Strellson in Second Life gut zu dem Markenauftritt von Strellson in der realen Welt.
2.	Der geplante Markenauftritt von Strellson in Second Life ist meiner Meinung nach kompatibel mit dem Markenauftritt von Strellson in der realen Welt.
3.	Der geplante Markenauftritt von Strellson in Second Life und der Markenauftritt von Strellson in der realen Welt stimmen weitgehend überein.

Tabelle 4.15: Operationalisierung des Fits zwischen dem virtuellen und dem klassischen Markenauftritt[339]

4.3.8 Wahrgenommener Nutzen der virtuellen Markenpräsenz

Die hohe Bedeutung, die dem wahrgenommenen Nutzen der virtuellen Markenpräsenz im Rahmen der Markenführung in virtuellen 3D-Communities zukommt wurde bereits in Kapitel 4.2.3 ausführlich dargestellt. Demnach sollte die virtuelle Markenpräsenz einen wahrnehmbaren Mehrwert für die fokussierte Zielgruppe innerhalb der virtuellen 3D-Community stiften, um die Effektivität der Marketingmaßnahme zu gewährleisten. Der vermittelte Nutzen sollte dabei gleichzeitig die Identität der Marke transportieren. Vor diesem Hintergrund ist es sinnvoll, die Operationalisierung des Konstrukts „Wahrgenommener Nutzen der virtuellen Markenpräsenz“ in Abhängigkeit der jeweils verfolgten Markenstrategie zu beleuchten. Zu diesem Zweck dienen die Ergebnisse des Interviews mit dem Experten der Strellson AG.[340]

Die erste Befragungseinheit des Experteninterviews umfasste dabei die Identifikation der Markenidentität und der fokussierten Zielgruppe von Strellson. Im Rahmen dieser Befragungseinheit konnte die folgende Identität der Marke Strellson herausgestellt werden:[341]

---

339 Anstelle des klassischen Markenauftritts wurde im Fragebogen die Umschreibung „Markenauftritt in der realen Welt“ verwendet, da der Begriff „klassisch“ bei den Probanden aufgrund seiner herkömmlichen Bedeutung bereits eine imagebezogene Assoziation hätte hervorrufen können.

340 Vgl. zu dem Design des Experteninterviews Kapitel 4.2.3.

341 Vgl. Experteninterview Strellson AG (2007), S. 1.

> Die Markenidentität von Strellson lässt sich mit „modern bis progressiv“ beschreiben. Es soll ein bestmögliches Preis-Leistungs-Verhältnis gewährleistet sein. Strellson möchte Typen nicht „verkleiden“ bzw. verändern sondern vielmehr unterstreichen. Strellson möchte den „richtigen“ Look zur „richtigen“ Zeit bieten.

Daneben wurde die Zielgruppe der Marke Strellson wie folgt definiert:[342]

> Die Zielgruppe von Strellson sind Männer ab Mitte 20 Jahre. Es ist die Generation, die aus dem Studium kommt bzw. gerade ihren ersten Job beginnt. Es sind zeitgemäße Männer mit Modebewusstsein, global und fortschrittlich denkende Typen. Strellson fokussiert die Spanne zwischen mittlerem Preissegment bis hin zur gehobenen Mitte im Markt.

Auf die Berücksichtigung potenzieller neuer Zielgruppen wurde im Rahmen dieser Studie verzichtet, da die Erschließung neuer Zielgruppen zur Zeit der Untersuchung nicht im Fokus der Bemühungen der Strellson AG stand. „Vielmehr geht es [Strellson] darum, die aktuelle Zielgruppe stärker zu durchdringen. Der Markenname Strellson soll stärker in den Köpfen der aktuellen Zielgruppe verankert werden“.[343]

Ausgehend von der definierten Markenidentität und der von der Marke fokussierten Zielgruppe wurde nun von dem Experten ein Ranking von Nutzentreibern vorgenommen. Das Ranking der Nutzentreiber erfolgte dabei entsprechend ihres Potenzials, die Marke mit der fokussierten Zielgruppe zu „verbinden“. Der Gesamtnutzen wurde zu diesem Zweck bereits im Vorfeld auf vier Kategorien (Komponenten) heruntergebrochen. Das Ranking erfolgte nun derart, dass jeweils diejenigen Nutzentreiber untereinander bewertet wurden, die der gleichen Nutzenkategorie zugeordnet waren. *Tabelle 4.16* fasst das Ergebnis des Rankings zusammen.

---

342 Vgl. Experteninterview Strellson AG (2007), S. 1.
343 Experteninterview Strellson AG (2007), S. 3

Funktionaler Nutzen	Ranking*
Vermittlung neuer Ideen für Kleidungskäufe	[1]
Vermittlung eines klaren Markenimages (zur Vereinfachung der Kaufentscheidung)	[2]
Bereitstellung einer Vielzahl an Informationen	[3]
Vermittlung nützlicher Produktinformationen	[3]
Vermittlung origineller Informationen	[4]
Vermittlung sachkundigen Wissens	[5]
Vermittlung von Know-how und Befriedigung des intellektuellen Anspruchs	[5]
Emotionaler Nutzen	Ranking*
Vermittlung eines positiven Gefühls	[1]
Befriedigung des Verlangens nach der Markennutzung	[2]
Auslösung einer freudigen Stimmung	[3]
Transportierung eines ausgleichenden Gefühls	[3]
Transportierung eines entspannenden Gefühls	[4]
Erzeugung von Unterhaltungswert	[5]
Vermittlung eines Spaßfaktors	[6]
Erzeugung von Amüsement	[7]
Sozialer Nutzen	Ranking*
Vermittlung eines Zugehörigkeitsgefühls innerhalb von Second Life	[1]
Bereitstellung eines Mediums zur Verbesserung der Selbstartikulation in Second Life	[2]
Bereitstellung eines Mediums zur Verbesserung der persönlichen Beurteilung durch andere Teilnehmer von Second Life	[3]
Bereitstellung eines Mediums zur Erlangung sozialer Anerkennung (Prestige) in Second Life	[4]
Erlebnisnutzen	Ranking*
Bereitstellung eines Novums	[1]
Befriedigung des Bedürfnisses nach Abwechslung (Variety seeking)	[2]
Generierung von Involvement	[3]
Ermöglichung des Erlebens neuer Erfahrungen in ungewohnten Umgebungen	[4]
Bereitstellung eines Mediums zur Realitätsflucht	[5]
	[1 = max.]

* Die Ziffer „1" korrespondiert mit dem Nutzentreiber, der aus Sicht des Experten das größte Potenzial verspricht, die Marke mit der fokussierten Zielgruppe zu verbinden (doppelte Wertungen möglich).

Tabelle 4.16: Markenzielkonforme Nutzentreiber für die Marke Strellson

Die jeweils mit „1“ bewerteten Nutzentreiber jeder Nutzenkategorie wurden anschließend zur Bildung der Indikatoren zur Messung des Konstrukts „Wahrgenommener Nutzen der virtuellen Markenpräsenz“ herangezogen. Die Items wurden dazu in die folgende, für die Befragungspersonen geeignete, Form transferiert und anhand einer siebenstufigen Likert-Skala erhoben:

1.	Die Präsenz von Strellson in Second Life liefert neue Ideen für Kleidungskäufe.
2.	Die Präsenz der Marke Strellson in Second Life liefert mir ein gutes Gefühl, während ich mich in Second Life aufhalte.
3.	Durch die Präsenz von Strellson in Second Life fühle ich mich willkommen, während ich mich in Second Life aufhalte.
4.	Die Präsenz der Marke Strellson in Second Life gibt mir das Gefühl, als ob ich eine neue Marke ausprobieren würde.

Tabelle 4.17: Operationalisierung des wahrgenommenen Nutzens der virtuellen Markenpräsenz für die Marke Strellson

Da zur Messung dieses Konstrukts unterschiedliche Nutzenkomponenten zur Erhebung des wahrgenommenen „Gesamtnutzens“ herangezogen werden und eine Veränderung der jeweiligen Indikatorausprägungen zu einer Veränderung des entsprechenden Konstruktwerts führen würde, liegt in diesem Fall ein formatives Messmodell vor.[344] Die Ausprägungen der Items wurden unter Einsatz der oben beschriebenen siebenstufigen Likert-Skala erfasst.

Um die vielfältigen Facetten der Markenpräsenz in virtuellen 3D-Communities nicht von vornherein zu stark zu reduzieren, wurde in dem, den Skalen voraus gestellten, Text der Begriff „Präsenz der Marke“ im Sinne des Messziels weitfassend definiert. Somit umfasst dieser Begriff alle Aspekte, von denen potenzielle Nutzenwirkungen auf die Teilnehmer der virtuellen 3D-Community ausgehen können und schließt damit die virtuelle Nutzung der Marke mit ein.

4.3.9 Markenvertrautheit

Schließlich wurden bei der Operationalisierung der moderierenden Variable Markenvertrautheit die Erkenntnisse von *Simonin/Ruth* herangezogen. Die beiden Autoren erforschten in ihrer Studie die Spill-over-Effekte von Markenallianzen auf die ex post

---

[344] Vgl. Hermann/Huber/Kressmann (2006), S. 47.

Einstellungen der Konsumenten gegenüber den jeweils beteiligten Marken, wobei eine signifikante Wirkung der Markenvertrautheit auf die Stärke der aufgestellten Modellzusammenhänge empirisch bestätigt werden konnte.[345] Bei der Begründung dieses Effekts stützten sich *Simonin/Ruth* auf die Aussagen weiterer Autoren und hielten fest, dass das Ausmaß der Markenvertrautheit einen Einfluss auf die Informationsverarbeitungsprozesse der Individuen ausübt. Bei einer höheren Markenvertrautheit kann davon ausgegangen werden, dass eine gefestigtere und zugänglichere Einstellung zur Marke besteht. Demnach ist der Einfluss der Markenvertrautheit auch im Rahmen der vorliegenden Studie von wesentlicher Bedeutung.

Simonin/Ruth nutzten zur Messung der Markenvertrautheit drei siebenstufige semantische Differentiale, „[...] assessing the degree to which the respondent was familiar/unfamiliar, recognized/did not recognize, and had heard of/had not heard of the brand before".[346] Die semantischen Differentiale wurden im Rahmen der vorliegenden Studie in eine siebenstufige Likert-Skala transferiert. Nach der Übersetzung der Polbezeichnungen und der inhaltlichen Adaption an das Untersuchungsziel wurden die folgenden Items zur Messung des Konstrukts „Markenvertrautheit" herangezogen:

1.	Die Marke Strellson ist mir bekannt.
2.	Ich habe bereits von der Marke Strellson gehört und erkenne diese eindeutig wieder.
3.	Ich habe definitiv schon einmal zuvor von der Marke Strellson gehört.

Tabelle 4.18: Operationalisierung der Markenvertrautheit

Auch in diesem Fall handelt es sich aufgrund der vorangegangenen Argumentation um ein reflektives Messmodell.

345 Vgl. Simonin/Ruth (1998), S. 39 f.
346 Simonin/Ruth (1998), S. 35.

4.4 Ergebnisse der empirischen Untersuchung zur Wirkung der Markenpflege in virtuellen 3D-Communities

4.4.1 Güte der Messmodelle

Zur Beurteilung der Güte der Messmodelle dienen die in Kapitel 4.1.3.1 vorgestellten Gütekriterien. Für die reflektiven Operationalisierungen gilt es hierbei zunächst, die Höhe der Ladungen der einzelnen Indikatoren auf das jeweilige Konstrukt und deren Signifikanz zu ermitteln.[347]

Mit Ausnahme des Konstrukts „Wahrgenommener Nutzen der virtuellen Markenpräsenz" wurden alle Konstrukte des Untersuchungsmodells reflektiv operationalisiert. *Tabelle 4.19* zeigt die Faktorladungen und t-Werte der einzelnen Indikatoren.

Die Ladungen aller Indikatoren übertrafen den empfohlenen Wert von 0,8 und erfüllten das Kriterium der Plausibilität. Zudem überstiegen alle t-Werte den für ein Signifikanzniveau von 5 Prozent geforderten kritischen Wert von 1,66. Aus diesem Grund war die Eliminierung einzelner Indikatoren nicht notwendig.

Die entsprechenden Anforderungen an die formativen Operationalisierungen wurden ebenfalls bereits vorgestellt. Die inhaltliche Relevanz jedes einzelnen Indikators zur Messung des formativen Konstrukts „Wahrgenommener Nutzen der virtuellen Markenpräsenz" wurde in den Kapiteln 4.2.3 und 4.3.8 ausführlich dargelegt. Zudem erfüllten alle Indikatoren das Kriterium der Plausibilität. Aus diesem Grund wurde auch im formativen Messmodell auf die Eliminierung einzelner Indikatoren verzichtet.[348]

---

347 Vgl. Herrmann/Huber/Kressmann (2006), S. 56; vgl. Hulland (1999), S. 198.
348 Vgl. Huber et al. (2005b), S. 34 f.; vgl. Götz/Liehr-Gobbers (2005), S.730.

Konstrukt	Indikator	Ladung	t-Wert
Community-Kompatibilität des Markenimages	Indikator 1	0,949	118,537
	Indikator 2	0,940	87,298
	Indikator 3	0,936	108,928
Fit zwischen virtuellem und klassischem Markenauftritt	Indikator 1	0,934	76,004
	Indikator 2	0,952	106,486
	Indikator 3	0,945	114,886
Subjektive Norm in der virtuellen Community	Indikator 1	0,890	83,474
	Indikator 2	0,875	39,691
	Indikator 3	0,951	166,230
Einstellung gegenüber dem virtuellen Markenauftritt	Indikator 1	0,956	112,618
	Indikator 2	0,970	170,333
	Indikator 3	0,956	111,149
Einstellung zum Kauf der Marke in der virtuellen Community	Indikator 1	0,923	76,922
	Indikator 2	0,929	77,906
	Indikator 3	0,919	68,022
	Indikator 4	0,946	113,267
	Indikator 5	0,946	120,851
Einstellung gegenüber der Marke in der realen Welt	Indikator 1	0,942	91,002
	Indikator 2	0,957	131,911
	Indikator 3	0,923	80,734
Einstellung zum Kauf der Marke in der realen Welt	Indikator 1	0,937	108,006
	Indikator 2	0,894	53,802
	Indikator 3	0,905	69,360
	Indikator 4	0,939	119,735
	Indikator 5	0,940	119,930
Kaufabsicht in der realen Welt	Indikator 1	0,979	292,138
	Indikator 2	0,964	120,869
	Indikator 3	0,980	298,649

Tabelle 4.19: Faktorladungen und t-Werte der Konstruktindikatoren[349]

Für die reflektiv operationalisierten Konstrukte galt es ferner, die durchschnittlich erfasste Varianz (DEV), sowie die Konstruktreliabilität zu prüfen. Die durchschnittlich erfasste Varianz sollte den kritischen Wert von 0,6 übertreffen.[350] Dieses Kriterium wurde über alle reflektiv operationalisierten Konstrukte erfüllt. Ebenso überstieg die Konstruktreliabilität jedes reflektiv operationalisierten Konstrukts den geforderten

349 Die Ziffern der Indikatoren korrespondieren mit der in Kapitel 4.3 eingeführten Indikatorennummerierung.

350 Vgl. Huber et al. (2005b), S. 34.

Wert von 0,7.[351] Somit wurden die Konvergenzkriterien für diese Variablen erfüllt, so dass von einer guten Konvergenzvalidität ausgegangen werden konnte.

Sowohl die reflektiven als auch das formative Messmodell wurden in Bezug auf das Kriterium der Diskriminanzvalidität überprüft. Für die reflektiven Messmodelle wurde dazu das *Fornell-Larcker*-Kriterium herangezogen. Demnach ist Diskriminanzvalidität gegeben, „[...] wenn die DEV einer latenten Variablen größer ist als jede quadrierte Korrelation dieser latenten Variablen mit einem anderen Konstrukt im Modell".[352] Im formativen Messmodell ist Diskriminanzvalidität dann gegeben, wenn die Konstruktkorrelationen einen Wert kleiner als 0,9 aufweisen.[353] Die beschriebenen Kriterien wurden über alle Konstrukte erfüllt.

Darüber hinaus wurde für alle reflektiven Konstrukte die Vorhersagevalidität anhand von *Stone-Geissers* Q^2 überprüft. Da auf Messmodellebene alle Werte von Q^2 über Null lagen, besitzen die Messmodelle offenbar Vorhersagerelevanz.[354]

Zur Überprüfung des formativen Konstrukts „Wahrgenommener Nutzen der virtuellen Markenpräsenz" auf Multikollinearität wurden mehrere lineare Regressionsanalysen durchgeführt, wobei jeweils einer der Indikatoren durch die übrigen Indikatoren erklärt wurde. Für jede Regression wurde anschließend das Bestimmtheitsmaß R^2 ermittelt. *Tabelle 4.20* fasst die Ergebnisse der Berechnungen zusammen:

Konstrukt	**Regressand**	**R^2**	**VIF**
Wahrgenommener Nutzen der virtuellen Markenpräsenz	Funktionale Nutzenkomponente	0,421	1,727
	Emotionale Nutzenkomponente	0,792	4,808
	Soziale Nutzenkomponente	0,781	4,566
	Erlebnisorientierte Nutzenkomponente	0,623	2,653

Tabelle 4.20: Werte zur Beurteilung der Multikollinearität

Die Werte des Varianzinflationsfaktors unterschritten für alle Regressionen den kritischen Wert von 10. Damit konnte das Vorliegen von Multikollinearität für das

---

351 Vgl. Huber et al. (2005b), S. 32.
352 Vgl. Götz/Liehr-Gobbers (2004), S. 728; vgl. Fornell/Larcker (1981), S. 46.
353 Vgl. Huber et al. (2007), S. 102.
354 Vgl. Huber et al. (2005b), S. 34.

formative Konstrukt „Wahrgenommener Nutzen der virtuellen Markenpräsenz" ausgeschlossen werden.[355] *Tabelle 4.21* fasst die bisherigen Ergebnisse bezüglich der Güte der Messmodelle zusammen:

Konstrukt	**DEV**	**Konstrukt-reliabilität**	**Diskriminanz-validität**	**Q^2 (Kommunalität)**	**Multi-kollinearität**
Community-Kompatibiltät des Markenimages	0,887	0,959	Erfüllt	0,708	-
Fit zwischen virtuellem und klassischem Markenauftritt	0,890	0,961	Erfüllt	0,713	-
Wahrgenommener Nutzen der virtuellen Markenpräsenz	-	-	Erfüllt	-	Erfüllt
Subjektive Norm in der virtuellen Community	0,820	0,932	Erfüllt	0,594	-
Einstellung gegenüber dem virtuellen Markenauftritt	0,923	0,973	Erfüllt	0,768	-
Einstellung zum Kauf der Marke in der virtuellen Community	0,870	0,971	Erfüllt	0,784	-
Einstellung gegenüber der Marke in der realen Welt	0,885	0,959	Erfüllt	0,704	-
Einstellung zum Kauf der Marke in der realen Welt	0,852	0,966	Erfüllt	0,759	-
Kaufabsicht in der realen Welt	0,950	0,983	Erfüllt	0,813	-

Tabelle 4.21: Werte der Gütekriterien auf Messmodellebene

Abschließend wurden die reflektiven Messmodelle auf Unidimensionalität überprüft. Dazu wurde eine konfirmatorische Faktorenanalyse unter Einbezug aller reflektiven Konstrukte des postulierten Modells durchgeführt. Die Ergebnisse der Faktorenanalyse zeigten, dass alle Indikatoren der Konstrukte „Einstellung gegenüber der Marke in der realen Welt" und „Einstellung gegenüber dem Kauf der Marke in der realen Welt" auf den gleichen Faktor luden. Eine unzureichende Erfüllung des Kriteriums der Unidimensionalität führt i. d. R. zu einer Eliminierung der betroffenen Indikatoren aus dem Messmodell. Im vorliegenden Fall hätte dieses Vorgehen die

[355] Vgl. Huber et al. (2007), S. 98 f.

Zusammenführung ganzer Konstrukte zur Folge gehabt. Hierauf wurde jedoch verzichtet, da die Korrelation der beiden Variablen unterhalb des in der wissenschaftlichen Literatur genannten kritischen Wertes von 0,9 lag und somit das Kriterium der Diskriminanzvalidität für diese Variablen hinreichend erfüllt wurde. Demnach sind die angesprochenen Konstrukte in ausreichendem Maße voneinander verschieden.[356] Die ausbleibende Berücksichtigung jedes einzelnen Konstrukts wäre daher mit der Reduzierung der Erklärungskraft des aufgestellten Kausalmodells verbunden gewesen. Bei allen anderen reflektiven Variablen war es möglich, eine eindeutige Zuordnung der Indikatoren zu einem Konstrukt vorzunehmen; das Kriterium der Unidimensionalität wurde für diese Variablen daher erfüllt.

Abschließend lässt sich festhalten, dass den Messmodellen eine hinreichende Güte bescheinigt werden konnte. Die gewählten Indikatoren erwiesen sich damit als ein adäquates Messinstrumentarium.

4.4.2 Güte des Strukturmodells

Zur Überprüfung der Güte des postulierten Kausalmodells auf Strukturmodellebene sind insbesondere die durch PLS ermittelten Pfadkoeffizienten von Bedeutung. Die Strukturparameter informieren über die Einflussstärke eines Konstrukts auf ein kausal nachgelagertes Konstrukt.[357] Die Höhe der Parameter und Signifikanzen auf Basis von t-Werten entscheiden dabei über die Annahme bzw. Verwerfung der aufgestellten Modellhypothesen.[358] Die ermittelten Pfadkoeffizienten und t-Werte sind *Abbildung 4.2* zu entnehmen. Die freistehenden Werte repräsentieren dabei die Pfadkoeffizienten der einzelnen Kausalbeziehungen; die Klammern enthalten die Beträge der berechneten t-Werte.

---

356 Vgl. Evanschitzky (2003), S. 189; vgl. Woisetschläger (2006), S. 134; vgl. Freundt (2006), S. 187 f.
357 Vgl. Huber et al. (2005b), S. 35.
358 Vgl. Huber et al. (2005b), S. 35.

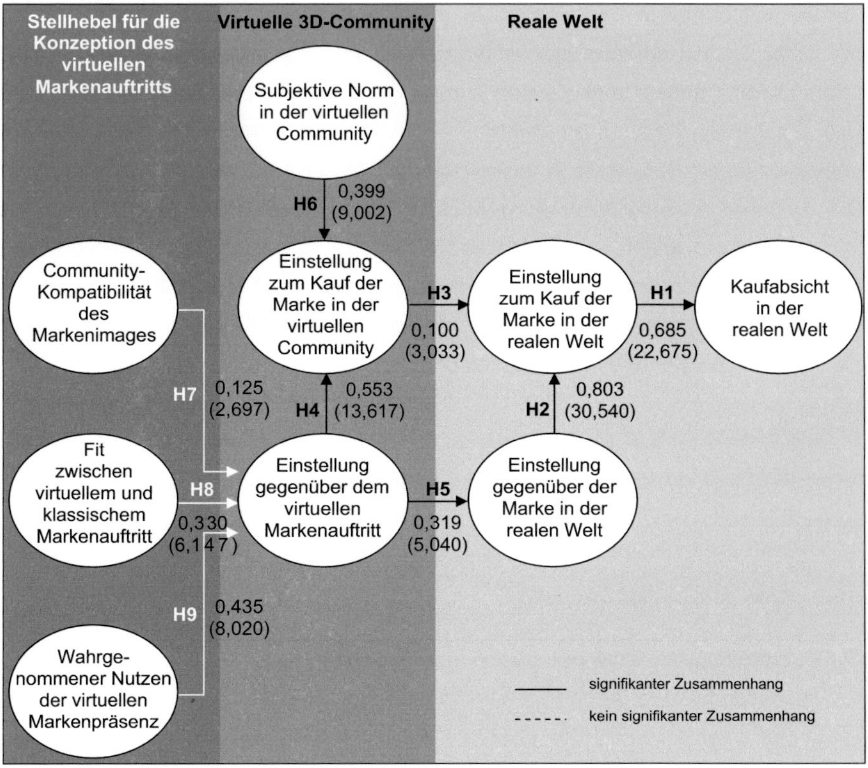

Abbildung 4.2: Pfadkoeffizienten und t-Werte des Strukturmodells

Die t-Werte übertrafen für alle aufgestellten Hypothesen bei weitem den geforderten Wert von 1,98. Daher konnten alle Hypothesen für ein Signifikanzniveau von 5 Prozent bestätigt werden. Bis auf den relativ schwachen Zusammenhang zwischen den beiden verhaltensbezogenen Einstellungskonstrukten (Pfadkoeffizient: 0,100; H3) und dem vergleichsweise geringen Einfluss der Community-Kompatibilität des Markenimages auf die Einstellung gegenüber dem virtuellen Markenauftritt (Pfadkoeffizient: 0,125; H7) konnten insgesamt relativ hohe Konstruktzusammenhänge festgestellt werden.

Die Vorzeichen aller Pfadkoeffizienten waren positiv und erfüllten damit das Kriterium der Plausibilität. *Tabelle 4.22* informiert in einer Übersicht über die Annahme der aufgestellten Hypothesen auf Basis der empirischen Studienbefunde.

Hypothese	t-Statistik	Ergebnis
H1	22,675	Beibehalten
H2	30,540	Beibehalten
H3	3,033	Beibehalten
H4	13,617	Beibehalten
H5	5,040	Beibehalten
H6	9,002	Beibehalten
H7	2,697	Beibehalten
H8	6,147	Beibehalten
H9	8,020	Beibehalten

Tabelle 4.22: Hypothesenüberprüfung anhand von t-Tests

Zusätzlich wurde die Güte des Strukturmodells anhand des Bestimmtheitsmaßes R^2 der latenten endogenen Variablen beurteilt. Das Bestimmtheitsmaß R^2 gibt bekanntlich „[...] den Anteil der erklärten Varianz der latenten endogenen Variable an, d. h. es stellt das Verhältnis der erklärten Streuung zur Gesamtstreuung dar".[359] Die in der Literatur genannte Mindestanforderung an den Wert des Bestimmtheitsmaßes für jede abhängige latente Variable von 0,3 wurde lediglich für das Konstrukt „Einstellung gegenüber der Marke in der realen Welt" unterschritten. So wurden nur ca. 10 Prozent der Varianz dieses Konstrukts durch kausal vorgelagerte Größen erklärt. Es ist daher davon auszugehen, dass die Einstellung gegenüber der Marke in der realen Welt durch weitere, nicht im Modell berücksichtigte, Determinanten in hohem Maße beeinflusst wird.[360] Für die restlichen vier endogenen Konstrukte, einschließlich des Zielkonstrukts „Kaufabsicht" wurde hingegen der oben genannte kritische Wert überschritten:

Konstrukt	R^2	Q^2
Einstellung zum Kauf der Marke in der realen Welt	0,724	0,598
Kaufabsicht in der realen Welt	0,470	0,360
Einstellung gegenüber dem virtuellen Markenauftritt	0,603	0,510
Einstellung zum Kauf der Marke in der virtuellen Community	0,667	0,552
Einstellung gegenüber der Marke in der realen Welt	0,102	-0,306

Tabelle 4.23: Werte des Bestimmtheitsmaßes und der Vorhersagevalidität auf Strukturmodellebene

359 Zboralski (2007), S. 204.
360 Vgl. Huber et al. (2005a), S. 38.

Neben der Berechnung des Bestimmtheitsmaßes wurde das auf Strukturmodellebene berechnete Q^2 nach *Stone-Geisser* zur Evaluierung des Strukturmodells ermittelt. Die ermittelten Werte waren für alle endogenen, reflektiven Konstrukte, mit Ausnahme des Konstrukts „Einstellung gegenüber der Marke in der realen Welt", positiv. Bis auf das letztgenannte Konstrukt konnte damit allen Variablen Prognoserelevanz bescheinigt werden.[361]

Die Multikollinearität auf Strukturmodellebene wurde analog zur Vorgehensweise auf Messmodellebene mit Hilfe mehrer Regressionsanalysen überprüft. Zu diesem Zweck wurden die Konstruktwerte auf Basis der Indikatorgewichte berechnet. Alle ermittelten Varianzinflationsfaktoren lagen, wie gefordert, unterhalb des kritischen Werts von 10. Dadurch konnte die Existenz von Multikollinearität auf Strukturmodellebene ausgeschlossen werden.[362] Die genauen ermittelten Werte können in *Tabelle 4.24* eingesehen werden:

Regressand	**Regressor**	**VIF**
Community-Kompatibilität des Markenimages	Fit zwischen virtuellem und klassischem Markenauftritt; Wahrgenommener Nutzen der virtuellen Markenpräsenz	2,165
Wahrgenommener Nutzen der virtuellen Markenpräsenz	Fit zwischen virtuellem und klassischem Markenauftritt; Community-Kompatibilität des Markenimages	1,592
Fit zwischen virtuellem und klassischem Markenauftritt	Community-Kompatibilität des Markenimages; Wahrgenommener Nutzen der virtuellen Markenpräsenz	2,506
Subjektive Norm in der virtuellen Community	Einstellung gegenüber dem virtuellen Markenauftritt	1,261
Einstellung zum Kauf der Marke in der virtuellen Community	Einstellung gegenüber der Marke in der realen Welt	1,229

Tabelle 4.24: Werte zur Überprüfung der Multikollinearität auf Strukturmodellebene

Abschließend lässt sich festhalten, dass in der vorliegenden Studie auf eine Modifikation des aufgestellten Hypothesenmodells durch neue Pfade verzichtet wurde, da alle wesentlichen, theoretisch plausiblen Zusammenhänge bereits im Vorfeld Berücksichtigung fanden.[363]

---

[361] Vgl. Götz/Liehr-Gobbers (2004), S. 731.
[362] Vgl. Huber et al. (2007), S. 108 ff.
[363] Vgl. Huber et al. (2005b), S. 37.

4.4.3 Überprüfung der Moderatoreffekte

Gruppenvergleiche eignen sich zur Untersuchung des Einflusses moderierender Variablen auf die Modellbeziehungen.[364] In der vorliegenden Studie wurden zwei Gruppenvergleiche nach *Chin* durchgeführt.[365] Dabei wurden für unterschiedliche Erhebungspopulationen getrennte Modellschätzungen vorgenommen. Im Anschluss daran wurden die Unterschiede zwischen den Schätzern der Modelle analysiert.

Um eine Aussage bezüglich der statistischen Signifikanz der Unterschiede treffen zu können, wird ein anhand der folgenden Formel errechneter t-Wert herangezogen:[366]

$$t = \frac{p_x^1 - p_x^2}{S * \sqrt{\frac{1}{m} + \frac{1}{n}}}, \tag{4.1}$$

mit

$$S = \sqrt{\frac{(m-1)^2}{m+n-2} * (\sigma(p_x^1))^2 + \frac{(n-1)^2}{m+n-2} * (\sigma(p_x^2))^2}. \tag{4.2}$$

Dabei bezeichnet m die Anzahl der Probanden der ersten Stichprobe und n die Anzahl der Probanden der zweiten Stichprobe. Die Pfadkoeffizienten des Originalsamples bezüglich der interessierenden Hypothese x in beiden Stichproben sind durch p_x^1 und p_x^2 dargestellt. Schließlich bezeichnen $\sigma(p_x^1)$ und $\sigma(p_x^2)$ die Standardfehler des für das Modell generierten Bootstrap-Samples.[367] Hierbei folgt der berechnete Wert einer t-Verteilung mit $m+n-2$ Freiheitsgraden.[368] Da im Rahmen der durchgeführten Gruppenvergleiche die Anzahl der berücksichtigten Fälle nicht reduziert wurde, wurden 262 Freiheitsgrade zugrunde gelegt.[369]

---

364 Vgl. Huber et al. (2005b), S. 38.
365 Vgl. Chin (2000).
366 Vgl. Huber et al. (2007), S. 50 f.
367 Vgl. Huber et al. (2005b), S. 38.
368 Vgl. Regier (2007), S. 198.
369 Da eine zweiseitige t-Verteilung zugrunde gelegt wurde, ergibt sich der interpolierte kritische t-Wert für die für ein Signifikanzniveau von 5 Prozent zu 1,97. Für ein Signifikanzniveau von 10 Prozent liegt der entsprechende Wert bei 1,65.

Zunächst wurde die Erhebungspopulation zur Überprüfung von H10 nach dem Geschlecht der Probanden separiert. Die Überprüfung des moderierenden Einflusses des Geschlechts auf die Modellzusammenhänge bot sich dabei neben den bereits in Kapitel 3.4 dargelegten Überlegungen auch aufgrund der Tatsache an, dass Strellson bislang ausschließlich Männerkollektionen offeriert und die Probandinnen bei dieser Befragung, zumindest in Bezug auf die Kausalbeziehungen des realen Kontexts, lediglich als potenzielle „Beraterinnen“ bzw. „Schenkerinnen“ berücksichtigt wurden. Nach der Separation setzten sich die beiden Stichproben aus 113 Probandinnen und 151 Probanden zusammen.

Gruppenvergleich nach dem Geschlecht

Abbildung 4.3 fasst die Ergebnisse des Gruppenvergleichs nach dem Geschlecht zusammen. Die freistehenden Werte repräsentieren dabei die Spannweiten der einzelnen Kausalbeziehungen.[370] Die Werte in Klammern stellen die Beträge der errechneten t-Werte für die Gruppenunterschiede dar.

Bei diesem Gruppenvergleich erwies sich H7, also die Wirkung der wahrgenommenen Community-Kompatibilität des Markenimages auf die Einstellung gegenüber dem virtuellen Markenauftritt, für die Stichprobe der weiblichen Probanden als nicht signifikant. Dem entgegen wurde H7 in der Schätzung auf Basis der Daten der männlichen Probanden mit einem t-Wert von 2,889 und einem Pfadkoeffizienten von 0,175 für ein Signifikanzniveau von 5% bestätigt. Diese Unterschiede erwiesen sich jedoch auf Basis der Analyse nach *Chin* als nicht signifikant und sollen daher nicht weiter betrachtet werden.

[370] Ein negatives Vorzeichen gibt an, dass der höhere Wert in der Modellschätzung auf Basis der männlichen Probanden vorliegt. Ein positives Vorzeichen hingegen bedeutet, dass die jeweiligen Modellzusammenhänge bei den Frauen stärker ausgeprägt waren als bei den Männern.

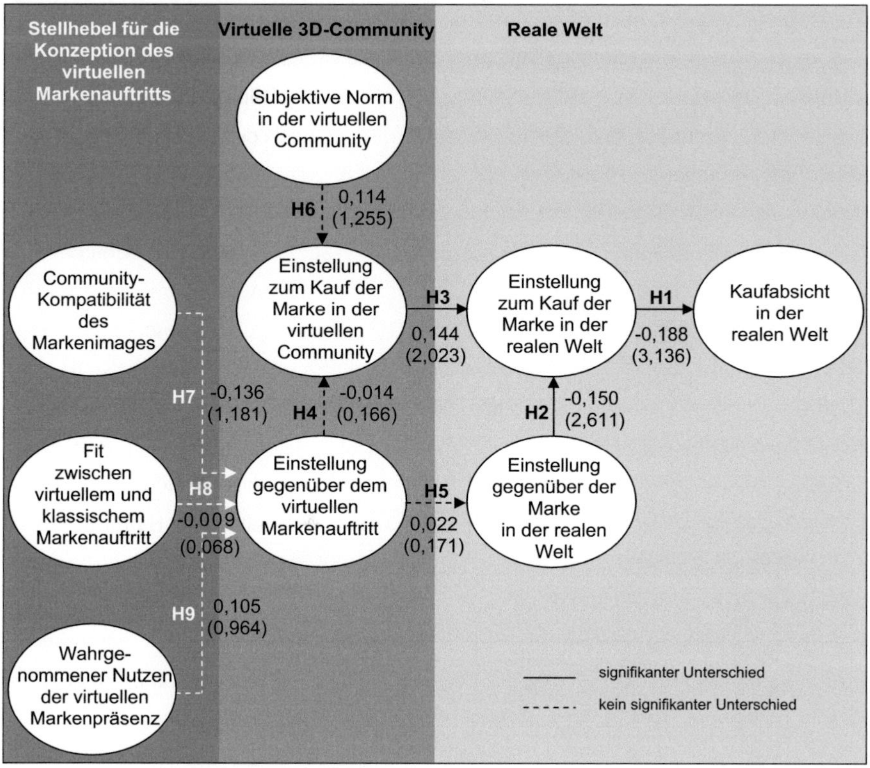

Abbildung 4.3: Gruppenvergleich nach dem Geschlecht

Daneben konnte bei diesem Gruppenvergleich ein deutlicher Unterschied zwischen den Schätzern des in H2 formulierten Kausalzusammenhangs festgestellt werden. So wurde der auf Basis der weiblichen Probanden geschätzte, beachtliche Einfluss der Einstellung gegenüber der Marke in der realen Welt auf die Einstellung zum Kauf der Marke in der realen Welt (Pfadkoeffizient: 0,710; H2) bei der Schätzung auf Basis der männlichen Probanden mit einem Pfadkoeffizienten von 0,860 erwartungsgemäß noch überschritten. Ähnliche Unterschiede konnten bezüglich des Einflusses der Einstellung zum Kauf von Produkten der Marke Strellson in der realen Welt auf die Kaufabsicht derartiger Markenprodukte festgestellt werden (H1). Hier lieferte die Schätzung für die weiblichen Probanden einen Pfadkoeffizienten von 0,576; für die männlichen Probanden ergab sich der entsprechende Wert zu 0,764.

Daneben ließen sich bei diesem Gruppenvergleich auch Unterschiede bezüglich der Stärke des in H3 formulierten Einflusses der Einstellung zum Kauf der Marke in der virtuellen Community auf die Einstellung zum Kauf der Marke in der realen Welt beobachten. Während sich dieser Wirkungszusammenhang bei der Schätzung auf Basis der männlichen Probanden mit einem t-Wert von 1,065 als nicht signifikant erwies, so wurde dieser für die Stichprobe der weiblichen Probanden mit einem t-Wert von 3,214 und einem Pfadkoeffizienten von 0,190 als signifikant bestätigt.

Die für H1, H2 und H3 aufgezeigten Unterschiede bezüglich der Stärke der jeweiligen Wirkungszusammenhänge erwiesen sich anhand des Gruppenvergleichs nach *Chin* als signifikant. *Tabelle 4.25* stellt die Ergebnisse des Gruppenvergleichs nach dem Geschlecht zusammen.

	Weibliche Personen		**Männliche Personen**		**Gruppenvergleich**		
	Pfadkoeff.	t-Wert	Pfadkoeff.	t-Wert	Spannweite	| t-Wert |	Signifikanz
H1	0,576	9,494	0,764	29,943	-0,188	3,136	Ja
H2	0,710	14,023	0,860	26,459	-0,150	2,611	Ja
H3	0,190	3,214	0,046	1,065	0,144	2,023	Ja
H4	0,548	9,036	0,562	9,779	-0,014	0,166	Nein
H5	0,334	3,878	0,312	3,425	0,022	0,171	Nein
H6	0,465	8,828	0,351	5,139	0,114	1,255	Nein
H7	0,039	0,366	0,175	2,889	-0,136	1,181	Nein
H8	0,340	3,073	0,349	4,406	-0,009	0,068	Nein
H9	0,493	6,249	0,388	5,255	0,105	0,964	Nein

Tabelle 4.25: Werte des Gruppenvergleichs nach dem Geschlecht

Auf Basis der dargestellten Ergebnisse kann schließlich festgehalten werden, dass H10 in der Untersuchung bestätigt wurde.

Gruppenvergleich nach der Vertrautheit mit der Marke Strellson

Schließlich wurde der moderierende Effekt der Variable „Markenvertrautheit“ auf die Stärke der Modellzusammenhänge (H11) überprüft. Zu diesem Zweck wurde für jeden einzelnen Probanden ein Mittelwert über alle Indikatoren dieses Konstrukts errechnet.

Die Bildung der Gruppen orientierte sich an dem über alle Probanden berechneten Gesamtmittelwert von 4,739. Dabei wurden alle Probanden mit einem errechneten Mittelwert von kleiner als 5 zu einer Gruppe zusammengefasst. Die zweite Gruppe setzte sich entsprechend aus allen Probanden zusammen, für die ein Mittelwert von gleich bzw. größer 5 ermittelt wurde. Die dadurch gebildete Stichprobe der Probanden, die sich durch eine hohe Vertrautheit mit der Marke Strellson auszeichneten, hatte einen Umfang von 113 Personen. Die Stichprobe der Probanden, die eine geringe Markenvertrautheit aufwiesen oder die Marke überhaupt nicht kannten, umfasste 151 Probanden. Im Anschluss an die Gruppenbildung wurde für beide Stichproben, analog zu dem bereits bekannten Vorgehen, eine separate Modellschätzung durchgeführt. *Abbildung 4.4* liefert einen Überblick der Ergebnisse des Gruppenvergleichs nach der Vertrautheit mit der Marke Strellson.

Der Einfluss der Einstellung zum Kauf der Marke Strellson in der virtuellen 3D-Community auf die Einstellung zum Kauf dieser Marke in der physischen Realität (H3) erwies sich nur für die Gruppe der Probanden mit niedriger Markenvertrautheit (mit einer 5 prozentigen Irrtumswahrscheinlichkeit) als signifikant. Demnach wirkt sich eine höhere Markenvertrautheit offenbar abschwächend auf die Stärke dieses Modellzusammenhangs aus. Auf Basis der Analyse nach *Chin* erwiesen sich die Unterschiede zwischen den beiden Schätzungen bezüglich H3 mit einer 5 prozentigen Irrtumswahrscheinlichkeit als signifikant.

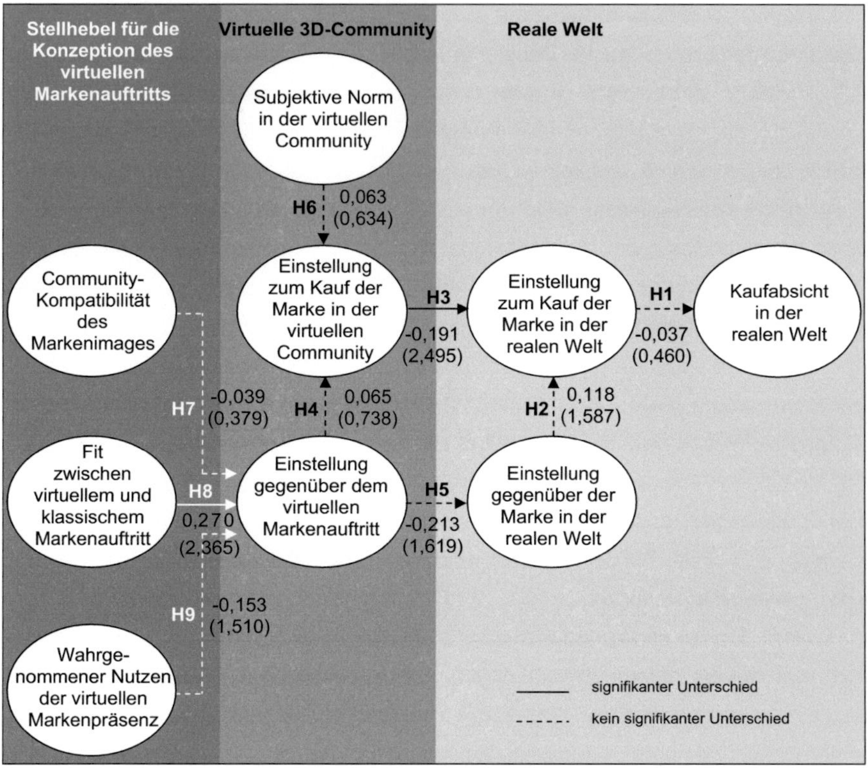

Abbildung 4.4: Gruppenvergleich nach der Markenvertrautheit[371]

Der Gruppenvergleich zeigte darüber hinaus, dass sich die Stärke des Einflusses des wahrgenommenen Fits zwischen dem virtuellen und dem klassischen Markenauftritt auf die Einstellung gegenüber dem virtuellen Markenauftritt (H8) zwischen den Probanden mit niedriger und hoher Markenvertrautheit unterscheidet. Aus *Tabelle 4.26* geht hervor, dass der Einfluss des wahrgenommenen Fits bei den Probanden mit hoher Markenvertrautheit mehr als doppelt so hoch war als bei denen, die nur geringfügig mit der Marke Strellson vertraut waren. Auch diesem Unterschied konnte mit einer 5 prozentigen Irrtumswahrscheinlichkeit statistische Signifikanz bescheinigt werden.

---

[371] Ein negatives Vorzeichen gibt an, dass der höhere Wert in der Modellschätzung auf Basis der Probanden mit niedriger Markenvertrautheit vorliegt.

	Hohe Markenvertrautheit		**Niedrige Markenvertrautheit**		**Gruppenvergleich**		
	Pfadkoeff.	t-Wert	Pfadkoeff.	t-Wert	Spannweite	| t-Wert |	Signifikanz
H1	0,596	8,671	0,633	13,385	-0,037	0,460	Nein
H2	0,822	18,298	0,704	12,767	0,118	1,587	Nein
H3	0,004	0,078	0,195	3,596	-0,191	2,495	Ja
H4	0,590	9,484	0,525	8,647	0,065	0,738	Nein
H5	0,188	1,990	0,401	4,468	-0,213	1,619	Nein
H6	0,435	7,000	0,372	5,114	0,063	0,634	Nein
H7	0,122	1,680	0,161	2,268	-0,039	0,379	Nein
H8	0,472	5,537	0,202	2,662	0,270	2,365	Ja
H9	0,343	4,390	0,496	7,533	-0,153	1,510	Nein

Tabelle 4.26: Werte des Gruppenvergleichs nach der Markenvertrautheit

Tabelle 4.27 fasst die vorangegangenen Aussagen in einer Übersicht zusammen und informiert über die Verifizierung der Hypothesen des aufgestellten Kausalmodells.

	Angenommener Zusammenhang	**Ergebnis**
H1	Je positiver die Einstellung eines Individuums zum Kauf von Produkten einer Marke X in der realen Welt ist, desto stärker ist dessen Intention, Produkte der Marke X in der realen Welt zu kaufen.	Bestätigt
H2	Je positiver die Einstellung eines Individuums zur Marke X in der realen Welt ist, desto positiver ist auch dessen Einstellung zum Kauf von Produkten der Marke X in der realen Welt.	Bestätigt
H3	Je positiver die Einstellung eines Individuums zum Kauf von Produkten der Marke X in der virtuellen Community ist, desto positiver ist auch dessen Einstellung zum Kauf von Produkten der Marke X in der realen Welt.	Bestätigt
H4	Je positiver die Einstellung eines Individuums gegenüber dem virtuellen Markenauftritt der Marke X ist, desto positiver ist auch dessen Einstellung zum Kauf von Produkten der Marke X in der virtuellen Community.	Bestätigt
H5	Je positiver die Einstellung eines Individuums gegenüber dem virtuellen Markenauftritt der Marke X ist, desto positiver ist auch dessen Einstellung zur Marke X in der realen Welt.	Bestätigt
H6	Je stärker die subjektive Norm innerhalb der virtuellen Community zugunsten des Kaufs der Marke X ist, desto positiver ist die Einstellung eines Individuums zum Kauf der Marke X in der virtuellen Community.	Bestätigt
H7	Je höher die Kompatibilität zwischen dem Image der Marke X in der realen Welt und dem Image der virtuellen Community ist, desto positiver ist die Einstellung eines Individuums gegenüber dem virtuellen Markenauftritt.	Bestätigt
H8	Je höher der Fit zwischen dem virtuellen Markenauftritt und dem klassischen Markenauftritt ist, desto positiver ist die Einstellung eines Individuums gegenüber dem virtuellen Markenauftritt.	Bestätigt
H9	Je positiver der wahrgenommene Nutzen der virtuellen Präsenz der Marke X ist, desto positiver ist die Einstellung eines Individuums gegenüber dem virtuellen Markenauftritt.	Bestätigt
H10	Die Stärke der Wirkungszusammenhänge des Kausalmodells unterscheidet sich bei männlichen und weiblichen Individuen signifikant voneinander.	Bestätigt
H11	Die Stärke der Wirkungszusammenhänge des Kausalmodells unterscheidet sich bei Individuen mit hoher und niedriger Markenvertrautheit signifikant voneinander.	Bestätigt

Tabelle 4.27: Die Verifizierung der Hypothesen im Überblick

Im folgenden Kapitel werden nun die dargestellten Ergebnisse der Datenauswertung einer weiterführenden Analyse und inhaltlichen Interpretation unterzogen.

4.5 Interpretation und Diskussion der Ergebnisse

Zusammenfassend lässt sich konstatieren, dass in der Untersuchung geeignete Messmodelle Anwendung fanden. Aufgrund der auf Messmodellebene ermittelten signifikanten t-Werte und Faktorladungen war es nicht erforderlich, einzelne Indikatoren reflektiver Konstrukte zu eliminieren. Da bei formativen Messmodellen generell von der ex post Eliminierung einzelner Indikatoren aus messtheoretischer Sicht abzusehen ist,[372] wurden auch keine Indikatoren zur Operationalisierung des Konstrukts wahrgenommener Nutzen nachträglich entfernt. Die Relevanz jedes einzelnen formativen Indikators wurde in den Kapiteln 4.2.3 und 4.3.8 ausführlich begründet. Bei allen reflektiven Messmodellen konnte zudem von einer guten Konvergenzvalidität ausgegangen werden. Darüber hinaus wurden in der Untersuchung die Kriterien zur Beurteilung der Diskriminanzvalidität über alle Konstrukte erfüllt. Auf Basis der Überprüfung der reflektiven Messmodelle anhand von *Stone-Geissers* Q^2 kann den Messmodellen Vorhersagerelevanz zugesprochen werden.[373] Zudem konnte bei dem formativen Messmodell das Vorliegen von Multikollinearität ausgeschlossen werden. Lediglich das Kriterium der Unidimensionalität wurde nicht immer erfüllt. So zeigte sich, dass alle Indikatoren der beiden reflektiv operationalisierten Konstrukte „Einstellung gegenüber der Marke in der realen Welt“ und „Einstellung zum Kauf der Marke in der realen Welt“ auf den gleichen Faktor luden. Auf die Zusammenführung der jeweiligen Konstruktpaare zu einem übergeordneten Konstrukt wurde jedoch verzichtet, da die Korrelation zwischen den Variablen unterhalb des Werts von 0,9 lag. Bei Unterschreitung dieses in der Literatur genannten kritischen Werts ist das Kriterium der Diskriminanzvalidität auf Konstruktebene erfüllt und es ist damit von einer hinreichenden Differenzierung zwischen den Konstrukten auszugehen.[374] Vor dem Hintergrund, dass alle übrigen Gütekriterien auf Messmodellebene für diese Konstrukte erfüllt waren, gewährleistete die gesonderte Berücksichtigung jedes einzelnen Konstrukts den größtmöglichen Erklärungsgehalt des Kausalmodells und es wurde daher von der Eliminierung bzw. der Zusammenführung einzelner Konstrukte abgesehen.

Auf Strukturmodellebene konnten auf Basis der ermittelten t-Werte und Pfadkoeffizienten alle aufgestellten Hypothesen für ein Signifikanzniveau von 5 Prozent bestätigt werden.

Im Zuge der Konzeptionalisierung des Kausalmodells wurde der in H3 formulierte Wirkungszusammenhang auf Basis der Erkenntnisse der Dissonanztheorie abgeleitet. Die Ursache dafür, weshalb sich der Einfluss der Einstellung zum Kauf der

---

372 Vgl. Huber et al. (2007), S. 97.
373 Vgl. Huber et al. (2005b), S. 34.
374 Vgl. Evanschitzky (2003), S. 189; vgl. Woisetschläger (2006), S. 134; vgl. Freundt (2006), S. 187 f.

Marke in der virtuellen Community auf die Einstellung zum Kauf der Marke in der realen Welt für die Marke Strellson als signifikant erweist, könnte demnach u. a. in der idealistischen Einfärbung der Marke vermutet werden.[375] So dient die Nutzung einer stark idealistisch gefärbten Marke innerhalb der virtuellen 3D-Community insbesondere dem Transport der eigenen, ideellen Wertvorstellungen. Es erscheint nun plausibel davon auszugehen, dass sich ideelle Wertvorstellungen auch kontextübergreifend als relativ stabil erweisen. Folgt man dieser Sichtweise, so ist bei einer Diskrepanz zwischen den Einstellungshaltungen bezüglich des Kaufs einer mit den eigenen Wertvorstellungen assoziierten Marke in der virtuellen und in der realen Welt in erhöhtem Maße mit der Bildung kognitiver Dissonanzen zu rechnen.

Allerdings kann festgehalten werden, dass sich dieser Zusammenhang selbst für die Marke Strellson mit einem Pfadkoeffizienten von 0,100 als relativ schwach erweist. Über diesen Hebelpunkt würden sich demnach positive Effekte der Online-Markenpflege höchstens geringfügig auf kaufverhaltensrelevante Wirkungszusammenhänge in der physischen Realität auswirken. Jedoch sollte an dieser Stelle von einem übereilten Urteil abgesehen werden, da der festgestellte schwache Wirkungszusammenhang durchaus auch in dem Untersuchungsdesign der Studie begründet sein könnte. So wurde hier in der Untersuchung, wie in der Marketingforschung zu Einstellungs- und Kaufabsichtswirkungen durchaus üblich,[376] ein fiktiver Markenauftritt unterstellt. Damit einher geht jedoch eine fehlende langfristige Verankerung dieser Marketingmaßnahme in den Köpfen der Probanden.[377] Dazu kommen geringe Erfahrungswerte der Probanden mit dem innovativen Untersuchungsgegenstand. So wäre es durchaus denkbar, dass sich der betrachtete Kausalzusammenhang im Rahmen einer längerfristig angelegten Studie innerhalb von Second Life dennoch als vielversprechend erweisen würde.

Eine vielversprechende Hebelwirkung der Marketingmaßnahmen in der virtuellen 3D-Community auf die aufgestellten Kausalzusammenhänge der realen Welt konnte allerdings für den in H5 formulierten Wirkungszusammenhang zwischen den beiden

---

375 Vgl. zur Werbekampagne und Markenidentität von Strellson Kapitel 4.2.1 und 4.3.8. So wirbt Strellson in einer vergangenen Kampagne bspw. mit pazifistischen Aussagen. Die Kampagne wurde den Probanden im Rahmen der Befragung präsentiert.

376 Vgl. Huber et al. (2005a), S. 37.

377 Vgl. Huber et al. (2005a), S. 37 f.

objektbezogenen Einstellungskonstrukten festgestellt werden. So wirkte sich die Einstellung zum virtuellen Markenauftritt signifikant auf die Einstellung zur Marke Strellson in der physischen Realität aus. Der Einstellung zur Marke konnte wiederum ein indirekter positiver Effekt über die Einstellung zum Kauf entsprechend markierter Kleidung auf die Kaufabsicht bezüglich der Marke in der realen Welt bescheinigt werden. Diese empirisch nachgewiesenen Wirkungszusammenhänge bestätigen die vorgestellten Erkenntnisse der Theorie des überlegten Handelns von *Fishbein/Ajzen*, deren Erweiterung durch das objektbezogene Einstellungskonstrukt im Sinne von *Eagly/Chaiken* sowie die dargelegten Erkenntnisse der Konsistenztheorien von *Heider* und *Irle*.[378] Im Zuge der Hypothesenherleitung wurde zudem bereits vermutet, dass der auf Basis der Theorie der kognitiven Dissonanz abgeleitete Wirkungszusammenhang zwischen der „Einstellung zum virtuellen Markenauftritt" und der „Einstellung gegenüber der Marke in der realen Welt" durch Spill-over-Effekte zwischen den beiden Einstellungsobjekten verstärkt wird.[379]

Weiterhin erwiesen sich die Einflüsse des wahrgenommenen Nutzens der virtuellen Markenpräsenz, der Community-Kompatibilität des Markenimages, sowie des Fits zwischen dem virtuellen und dem klassischen Markenauftritt auf die Einstellung gegenüber dem virtuellen Markenauftritt als signifikant. Der hohe Einfluss des wahrgenommenen Nutzens bestätigte dabei die in der aktuellen Forschungsliteratur vertretende Meinung, dass der von der virtuellen Markenpräsenz ausgehende wahrgenommene Mehrwert als entscheidender Erfolgsfaktor für die Markenpflege in virtuellen 3D-Communities angesehen werden kann.[380] Darüber hinaus belegen die Ergebnisse sowohl die große Bedeutung, die einer sorgfältigen und umsichtigen Vorauswahl markenkompatibler virtueller 3D-Communities für die Maßnahmen der Markenpflege zukommt, als auch die Relevanz der in Kapitel 2.1 geforderten Abstimmung dieser Maßnahmen mit allen übrigen Maßnahmen der Markenkommunikation.

Neben den t-Werten und Pfadkoeffizienten wurden auch R^2 und *Stone-Geissers* Q^2 zur Beurteilung der Güte des Strukturmodells herangezogen. Dabei fiel auf, dass dem Konstrukt „Einstellung gegenüber der Marke in der realen Welt" nur unzu-

---

378 Vgl. Kapitel 3.
379 Vgl. Albers/Herrmann (2007), S. 147.
380 Vgl. Schmitz (2007), S. 17.

reichende Werte in Bezug auf diese Gütekriterien bescheinigt werden konnten. R^2 beschreibt bekanntlich den Anteil der Varianz, der durch die vorgelagerten Größen des Modells erklärt wird.[381] Demnach ist davon auszugehen, dass das oben genannte Konstrukt von weiteren nicht im Modell berücksichtigten Größen in erheblichem Maße determiniert wird.[382] Dieser Umstand ist nicht weiter verwunderlich, da das Modell lediglich den Einfluss der Einstellung zum virtuellen Markenauftritt als direkte Determinante der Einstellung gegenüber der Marke in der realen Welt berücksichtigt. So ist jedoch davon auszugehen, dass die Einstellung zur Marke u. a. auch durch ex ante bestehende, markenbezogene Einstellungen bestimmt wird.[383] Da nun die angesprochene niedrige Varianzaufklärung lediglich auf eine einzige vorgelagerte Variable zurückzuführen ist, dieser antezendenten Variablen ein deutlicher Einfluss auf die Einstellung gegenüber der Marke in der realen Welt (für ein Signifikanzniveau von 5 Prozent) bestätigt werden konnte und es sich bei der Einstellung gegenüber der Marke in der realen Welt zudem nicht um ein zu erklärendes Zielkonstrukt des aufgestellten Kausalmodells handelt, kann der R^2-Wert akzeptiert werden.[384] Vor dem Hintergrund dieser Ergebnisse sei jedoch darauf hingewiesen, dass die Maßnahmen der Markenpflege in virtuellen 3D-Communities nur als ein, wenn auch nicht unbedeutender, Baustein der Markenkommunikation verstanden werden können; daneben bestehen weitere einflussreiche Determinanten des Markenimages in der realen Welt.

Es kann nun weiter konstatiert werden, dass sich die beobachtete Unterschreitung des für *Stone-Geissers* Q^2 geforderten Mindestwerts bei dem Konstrukt „Einstellung gegenüber der Marke in der realen Welt“ als logische Folge des geringen R^2-Wertes interpretieren lässt. So stellt Q^2 ein Gütekriterium für die Vorhersagevalidität des Gesamtmodells dar. Wenn nun das aufgestellte Gesamtmodell nicht alle Einflussgrößen der Einstellung gegenüber der Marke berücksichtigt, lässt sich diese Variable auch nur unzureichend auf Basis der Modellparameter vorhersagen.[385] Schließlich lässt sich festhalten, dass bei allen restlichen endogenen Variablen die für Q^2 und R^2 geforderten Mindestwerte in hohem Maße übertroffen wurden. So wird bspw. die

---

381 Vgl. Landgraf/Huber/Bartl (2006), S. 60.
382 Vgl. Huber et al (2005a), S. 38.
383 Vgl. Huber (2005a), S. 38.
384 Vgl. Regier (2007), S. 195 f.
385 Vgl. Huber (2005a), S. 38.

Varianz des Zielkonstrukts „Kaufabsicht in der realen Welt“ bezüglich der Produkte der Marke Strellson zu ca. 47 Prozent durch die Einstellung zum Kauf von Produkten der Marke Strellson erklärt, deren Varianz sich wiederum zu ca. 72 Prozent durch die beiden vorgelagerten Variablen erklären lässt. Auch diese Ergebnisse lassen sich als Bestätigung der zugrunde gelegten Überlegungen der Theorie des überlegten Handelns, deren objektbezogene Erweiterung sowie der Erkenntnisse der Konsistenztheorien deuten. Der für das Konstrukt „Einstellung zum virtuellen Markenauftritt“ ermittelte R^2-Wert lag in der Untersuchung bei ca. 0,6. Auch dieser relativ hohe Wert unterstreicht noch einmal die hohe Bedeutung des wahrgenommenen Nutzens der virtuellen Markenpräsenz, der Community-Kompatibilität des Markenimages, sowie des Fits zwischen dem virtuellen und dem klassischen Markenauftritt als unmittelbare Determinanten der Einstellung gegenüber dem virtuellen Markenauftritt. Damit stehen auf Unternehmensseite drei bedeutende Stellhebel für eine erfolgreiche Umsetzung der Maßnahmen der Markenpflege in virtuellen 3D-Communities zur Verfügung.

Die Ergebnisse der vorliegenden Studie offenbarten zudem einen hohen Einfluss der subjektiven Norm innerhalb des virtuellen Kontexts auf die Einstellung zum Kauf der Marke bzw. deren Nutzung in der virtuellen 3D-Community. Die Studienergebnisse untermauern damit indirekt die in Kapitel 3.3 dargelegte Erkenntnis der Brand Community-Forschung, dass der Marke, als Medium der nonverbalen Kommunikation in virtuellen 3D-Communities, aufgrund fehlender Alternativen zum Aufbau einer gemeinsamen Vertrauensbasis, eine bedeutende soziale Funktion zukommt.[386]

Auch die im Rahmen der Untersuchung durchgeführten Gruppenvergleiche lieferten interessante Ergebnisse. So konnte festgestellt werden, dass die Stärke der in H1 und H2 formulierten Kausalzusammenhänge signifikant durch das Geschlecht beeinflusst wird. Die, auf Basis der Theorie des überlegten Handelns und deren Erweiterung durch die Einstellung zum Objekt abgeleiteten, Wirkungszusammenhänge wiesen für die männlichen Probanden höhere Pfadkoeffizienten auf als für die weiblichen Probanden.

---

[386] Vgl. Von Loewenfeld (2006), S. 92.

Diese Unterschiede könnten auf das zugrundeliegende Untersuchungsdesign zurückgeführt werden, da unter der Marke Strellson lediglich Herrenmode offeriert wird und die Probandinnen demnach nur indirekt, in ihren „beratenden“ Rollen oder als potenzielle „Schenkerinnen“, erfasst wurden. Allerdings könnten diese Unterschiede auch auf geschlechterspezifischen Abweichungen in den Prozessen der Einstellungs- und Intentionsbildung basieren. Diese Ergebnisse stützen somit die im Rahmen der Hypothesenherleitung vertretene Argumentation.

Schließlich ergab der Gruppenvergleich nach der Höhe der Markenvertrautheit, dass der Einfluss der „Einstellung zum Kauf der Marke in der virtuellen Community“ auf die „Einstellung zum Kauf der Marke in der realen Welt“ (H3) mit abnehmender Markenvertrautheit zunimmt. Demgegenüber stieg die Stärke des Einflusses des „Fits zwischen dem virtuellen und dem klassischen Markenauftritt“ auf die „Einstellung gegenüber dem virtuellen Markenauftritt“ (H8) mit zunehmender Markenvertrautheit an. Diese Ergebnisse sind dabei durchaus plausibel; so ist davon auszugehen, dass sich die Einstellung eines Individuums zum Kauf einer bestimmten Marke bei einer hohen Markenvertrautheit, aufgrund bestehenden Markenwissens und entsprechender Erfahrungswerte, auf eine breitere Bewertungsgrundlage stützt. Folgt man dieser Argumentation, so verliert der Einfluss der Einstellung zum Kauf der Marke in der virtuellen 3D-Community auf die Einstellung zum Kauf dieser Marke in der realen Welt mit zunehmender Markenvertrautheit relativ betrachtet an Gewicht. Die moderierende Wirkung der Markenvertrautheit auf die Kausalbeziehung zwischen dem genannten Fit und der „Einstellung zum virtuellen Markenauftritt“ lässt sich analog interpretieren. Da das Untersuchungsdesign einen fiktiven virtuellen Markenauftritt unterstellte, waren hier entsprechende Erfahrungswerte ausgeschlossen. Allerdings konnte davon ausgegangen werden, dass sich die Beurteilung des Fits zwischen dem vorgestellten Markenauftritt in der virtuellen 3D-Community und dem bisherigen Auftritt von Strellson in der realen Welt bei den Probanden mit hoher Markenvertrautheit, aufgrund bestehenden Markenwissens, auf eine umfangreichere Bewertungsgrundlage stützte, und sich der wahrgenommene Fit damit als gefestigter, und in Bezug auf die Einstellungsbildung als zugänglicher und einflussreicher erwies. Diese Argumentation folgt dabei u. a. den Aussagen der Informations-Integrationstheorie, die von der Annahme ausgeht, dass „[...] die Menge an Informationen, die zur Meinungsbildung führen, sowohl auf das Gewicht des Urteils als auch auf die Überzeugung von der eigenen Urteilskraft Einfluss ausübt".[387]

Abschließend bleibt anzumerken, dass die Ergebnisse dieser Studie nicht unreflektiert übernommen werden sollten. So beschränkte sich das Untersuchungsdesign aus Gründen der Praktikabilität auf die Betrachtung des Markenauftritts einer bestimmten Modemarke in Second Life, womit die Studienergebnisse in dieser Form nicht unbedingt auch in anderen virtuellen 3D-Communities Gültigkeit besitzen. Die zugrunde gelegte exemplarische Maßnahme der Online-Markenpflege hatte zudem einen rein fiktiven Charakter. Darüber hinaus ist zu konstatieren, dass sich die Stichprobe der Untersuchung sowohl aus erfahrenen Second Life-Nutzern, als auch aus entsprechend unerfahrenen Probanden zusammensetzte.

Dennoch lieferte die durchgeführte empirische Studie einen deutlichen und interessanten Erkenntnisgewinn. Die gewonnenen Erkenntnisse dienen im Folgenden der Ableitung geeigneter Handlungsempfehlungen für die Marketingpraxis und –theorie.

[387] Walgenbach (2007), S. 156.

5 Implikationen

5.1 Implikationen für die Marketingpraxis

Die Markenpflege in virtuellen 3D-Communities stellt ein überaus innovatives Aufgabenfeld für die Markenführung der Unternehmen dar. Aufgrund mangelnder Erfahrungsgrundlagen ist es daher für diese von besonderem Interesse, auf fundierte Erkenntnisse und Empfehlungen zur Unterstützung der internen Entscheidungsfindungen zurückgreifen zu können. Die Ergebnisse der vorliegenden Studie erlauben eine Ableitung konkreter Handlungsempfehlungen für die unternehmerische Praxis. So wurden bereits bei der Konzeptionalisierung des untersuchten Kausalmodells Stellhebel für die Gestaltung der Online-Markenpflege berücksichtigt, die sich durch das Management der Unternehmen direkt beeinflussen lassen. Gleichzeitig gewährleistete die theoriegestützte Herleitung des Untersuchungsmodells die Integration der Erkenntnisse und Erfahrungswerte langjähriger Forschungsarbeiten. Gewiss stellen aktuelle Einschätzungen aus der Praxis eine überaus wertvolle Ergänzung zu den Ergebnissen der durchgeführten Studie dar. Zu diesem Zweck dienen weitere Erkenntnisse des, im Rahmen dieser Studie mit einem Experten der Strellson AG durchgeführten, Experteninterviews. Zwar handelt es sich bei diesem Unternehmen um einen bedeutenden Vertreter der Modeindustrie; bei entsprechender Reflektion und Übertragung der Stellungnahmen in den eigenen Unternehmenskontext können die Aussagen jedoch durchaus auch in anderen Branchen Anwendung finden.

Generell kann festgehalten werden, dass sich die Bemühungen der Unternehmen auf derartige Faktoren konzentrieren sollten, die den größten Beitrag zur Erreichung der eigenen Ziele versprechen. Im Rahmen dieser Studie wurden zwei mögliche Verknüpfungspunkte zwischen den Effekten der Markenpflege innerhalb des virtuellen Kontexts und den Determinanten des Kaufverhaltens in der physischen Realität herausgestellt. Auf der Grundlage der empirischen Studie erwies sich der Kausalzusammenhang zwischen der Einstellung der Konsumenten zum virtuellen Markenauftritt und deren Einstellung gegenüber der Marke in der realen Welt als der erfolgversprechendste Hebelpunkt zwischen den Wirkungszusammenhängen in der virtuellen Community und den Determinanten des Kaufverhaltens in der realen Welt. Der

Einstellung der Konsumenten gegenüber dem virtuellen Markenauftritt kommt somit eine Schlüsselrolle im Rahmen der Online-Markenpflege zu. Als direkte und aus Unternehmenssicht unmittelbar beeinflussbare Determinanten der Einstellung zum virtuellen Markenauftritt konnten die Community-Kompatibilität des Markenimages, der Fit zwischen dem virtuellen und dem klassischen Markenauftritt, sowie der von den Community-Nutzern wahrgenommene Nutzen der virtuellen Markenpräsenz bestätigt werden.

Community-Kompatibilität des Markenimages

Da der Community-Kompatibilität des Markenimages eine entscheidende Rolle zukommt, sollte die Wahl der potenziell für die eigene Markenpflege in Frage kommenden virtuellen 3D-Communities nicht unüberlegt getroffen werden, sondern vielmehr das Ergebnis eines konzeptionellen und analytischen Entscheidungsprozesses sein;[388] ansonsten droht die „[...] Gefahr der Markenverwässerung bzw. eines verfälschten Markenimages durch den möglicherweise nicht ausreichend gegebenen Fit“[389] zwischen dem Image der Marke und der virtuellen 3D-Community. Bei der Prüfung der Kompatibilität zwischen dem Image der virtuellen 3D-Community und dem Image der Marke sollten auch technische Aspekte berücksichtigt werden, die auf das Image der jeweiligen Marke positiv oder negativ abfärben können. Da sich die Bestimmung der Kompatibilität zwischen der virtuellen Community und der eigenen Marke als ein komplexes und vielschichtiges Entscheidungsproblem erweist, empfiehlt es sich, ein funktionsübergreifendes Projektteam mit der Verantwortung für den Auswahlprozess einer geeigneten virtuellen 3D-Community zu betrauen. Auf diese Weise kann auf den Erfahrungsschatz und das Know-how unterschiedlicher Funktionen (wie bspw. des Brandmanagements, des Kreativbereichs und der IT) zurückgegriffen werden. Ergänzend dazu kann auch die Expertise geeigneter Fokusgruppen genutzt werden.

Weiterhin sollte der Wahl eines geeigneten Kommunikationsträgers für die Belange der eigenen Markenpflege eine detaillierte Analyse der aktuellen Nutzerprofile der zur Disposition stehenden Communities zwingend vorausgehen; ansonsten könnten sich die durchgeführten Marketingmaßnahmen aufgrund der Ansprache einer

---

[388] Vgl. Schmitz (2007), S. 16 f.
[389] Experteninterview Strellson AG (2007), S. 3.

falschen Zielgruppe als ineffektiv erweisen,[390] da in diesem Fall keine positiven Erfolgswirkungen durch virtuelle Kampagnen zu erwarten sind. Dieser Ineffektivität stünde dazu die Gefahr negativer Spill-over-Effekte auf das Markenimage durch ein unadäquates „Nutzer-Umfeld“ entgegen.[391] Mit einer zielgruppenspezifischen Abstimmung der Maßnahmen auf eine klar umrissene Nutzergruppe steht der Erreichung der Ziele der Markenpflege in virtuellen 3D-Communities jedoch prinzipiell nichts im Wege.[392]

Fit zwischen dem virtuellen und dem klassischen Markenauftritt

Der wahrgenommene Fit zwischen dem virtuellen und dem klassischen Markenauftritt stellt einen zweiten bedeutenden Einflussfaktor des Erfolgs der Markenpflege in virtuellen 3D-Communities dar. So haben Unternehmen insbesondere dann mit steigenden Absatzzahlen aufgrund ihrer virtuellen Markenpräsenz zu rechnen, wenn der virtuelle Markenauftritt aus Sicht der Konsumenten möglichst gut mit dem bisherigen Auftritt der Marke harmoniert.[393] Sollte das Unternehmen mit seinen Produkten auf eine männliche Zielgruppe fokussieren, erweist sich dieser Aspekt als besonders bedeutsam, da auf Basis der Studienergebnisse davon ausgegangen werden kann, dass sich der Einfluss des wahrgenommenen Fits auf die subjektive Bewertung des virtuellen Markenauftritts bei Männern als besonders bedeutsam erweist. Weiter lässt sich festhalten, dass gerade Anbieter von bekannten Produkten, bei denen die Konsumenten schon über größere Erfahrungswerte verfügen, verstärkt darauf achten sollten, dass ein möglichst großer Fit zwischen dem virtuellen und dem bisherigen Markenauftritt realisiert wird. Dies darf jedoch keinesfalls missverstanden werden. Es ist in jedem Falle dringend davon abzuraten, die bestehenden Inhalte des bisherigen Internetauftritts unreflektiert und unmodifiziert in die virtuelle 3D-Community zu übertragen. So stellten zu Beginn des World Wide Web viele Unternehmenshomepages eine regelrechte „Abschrift“ der gedruckten Imagebroschüren dar; den damaligen Fehler des Ignorierens multimedialer Darstellungsmöglichkeiten sollte man heute in Bezug auf die weitreichenden Möglichkeiten des

---

[390] Vgl. Experteninterview Strellson AG (2007), S. 3.

[391] Vgl. Experteninterview Strellson AG (2007), S. 3.

[392] Vgl. Fittkau/Renz (2007), S. 59.

[393] Um diese Ergebnisse ableiten zu können, wurden den Probanden in der vorliegenden Studie Auszüge der Print- und Onlinekampagne der Strellson AG präsentiert und deren Kernelemente nach ex ante definierten Kriterien herausgestellt. Siehe dazu Kapitel 4.2.3.

dreidimensionalen Internets nicht wiederholen.[394] Bei der Ausgestaltung des virtuellen Markenauftritts ist es vielmehr empfehlenswert, einen einfallsreichen „3D-Mehrwert“ zu bieten und dabei gleichzeitig starke, wahrgenommene Assoziationen mit dem bisherigen Markenauftritt hervorzurufen.[395] Statt einer zu nahen Anlehnung an die bisherigen Kampagnen-Inhalte erscheint es daher vielversprechender, auf die übergeordneten Inhalte der Markenidentität zu abstrahieren; diese sollten dann als Basis zur Ableitung kreativer, „communityadäquater“ und unternehmenszielkonformer Gestaltungsoptionen für den virtuellen Markenauftritt genutzt werden.[396]

Nutzen der virtuellen Markenpräsenz

Schließlich stellt der durch die virtuelle Markenpräsenz gestiftete, wahrgenommene Nutzen einen entscheidenden Erfolgsfaktor für die Markenpflege in virtuellen 3D-Communities dar. Von den im Rahmen der vorliegenden Studie berücksichtigten Faktoren konnte diesem Konstrukt der stärkste Einfluss auf die Einstellung der Individuen gegenüber dem virtuellen Markenauftritt bescheinigt werden. Dieser Aspekt sollte daher in allen Projektphasen von der Definition über die Konzeptionalisierung bis hin zur Implementierung des virtuellen Markenauftritts eine besondere Beachtung finden. Der Phantasie der Unternehmen ist dabei generell keine Grenze gesetzt. Jedoch sollten budgetäre Restriktionen bereits frühzeitig eingeplant und bereits im Vorfeld konzeptionell berücksichtigt werden. Dabei sollte zudem der Aufwand für die anschließende Pflege und Optimierung der jeweiligen Markenauftrittsszenarien ex ante einkalkuliert werden.

Der klaren Formulierung des zu transportierenden Nutzens kommt eine zentrale Bedeutung bei der Konzeptionalisierung der virtuellen Markenpräsenz zu. Dieser sollte nicht willkürlich und isoliert, sondern unter besonderer Berücksichtigung der fokussierten Konsumentengruppe und der jeweiligen Markenidentität ausgestaltet werden: Während sich bspw. die Inszenierung eines Stock-Car-Rennens in Second Life für eine Marke wie Red Bull als durchaus vorteilhaft erweisen könnte, wäre die

---

394 Vgl. Schmitz (2007), S. 14 f.

395 Ein überaus vielversprechendes Konzept zur Generierung derartiger Assoziationen ist die Synchronisation der virtuellen und klassischen Kampagnen. So wurde bspw. der Launch der virtuellen Niederlassung von Nissan in Second Life mit diversen, zeitlich abgestimmten Aktivitäten im Web verzahnt: Vgl. Breuer/Küpers (2007), S. 38.

396 Als ein Bespiel für eine diesbezüglich gelungene virtuelle Kampagne lässt sich das Skydiving-Event von Red Bull in Second Life anführen: Vgl. Schmitz (2007), S. 17.

gleiche Maßnahme bei einer idealistisch geprägten Marke wie Strellson vermutlich eher kontraproduktiv. Die hohe Bedeutung des zu transportierenden Nutzens ist darin begründet, dass dieser als Medium zum Aufbau bzw. zur Festigung der Beziehung zwischen der Marke und der für sie formulierten Zielgruppe angesehen werden kann. Letztere gilt es gezielt und effektiv anzusprechen. In der vorliegenden Studie wurde der wahrgenommene Nutzen konzeptionell durch vier konstitutive Komponenten berücksichtigt: Die funktionale, emotionale, soziale, und erlebnisorientierte Nutzenkomponente. Jeder dieser vier Komponenten wurden entsprechende Nutzentreiber untergeordnet, die in Bezug auf ihren potenziellen Beitrag zur Erreichung der markenbezogenen Unternehmensziele bewertet wurden. Diese Methodik könnte prinzipiell auch in der Unternehmenspraxis Anwendung finden. Hier könnten kleinere Projektteams durch Brainstorming relevante Nutzentreiber ermitteln, die im Anschluss daran den genannten Kategorien zugeordnet und innerhalb dieser bewertet werden. Die jeweils vielversprechendsten Nutzentreiber können zur Ableitung konkreter Umsetzungsoptionen herangezogen werden. Dieses Vorgehen erlaubt damit eine Reduktion der mit der Konzeptionalisierung des virtuellen Markenauftritts verbundenen Komplexität und gestattet im Ergebnis die Ableitung unternehmenszielkonformer Gestaltungsimplikationen.

Die bisher ausgesprochenen Handlungsempfehlungen fokussieren auf die Ausgestaltung der Faktoren, denen ein unmittelbarer Einfluss auf die Einstellung zum virtuellen Markenauftritt nachgewiesen werden konnte und die zudem einer direkten Steuerung durch das Management der Unternehmen zugänglich sind. Der Einstellung gegenüber dem virtuellen Markenauftritt konnte im Rahmen der durchgeführten Studie ein signifikanter Einfluss auf die Einstellung zur Marke in der realen Welt bescheinigt werden, die sich wiederum über die Einstellung zum Kauf der jeweiligen Marke positiv auf die markenbezogene Kaufabsicht in der realen Welt auswirkt. Damit wurde derjenige Wirkungspfad betrachtet, der sich in Bezug auf die Steigerung der Kaufabsicht gegenüber einer bestimmten Marke in der realen Welt auf Basis der Studienergebnisse als besonders vielversprechend erweist. Bisher unbelichtet blieb der in einer der beiden durchgeführten Untersuchungen festgestellte Einfluss der Einstellung zum virtuellen Kauf der Marke auf die Einstellung zum Kauf der Marke in der realen Welt. Die Tatsache, dass zwischen diesen Konstrukten ein zwar signifikanter, jedoch nur relativ schwacher Wirkungszusammenhang bestätigt werden konnte, wurde in der fehlenden langfristigen Verankerung der fiktiv unterstellten Marketingmaßnahmen in den Köpfen der Probanden und ihrer fehlenden Erfahrungswerte in Bezug auf virtuelle 3D-Communities vermutet.[397] Es ist jedoch durchaus denkbar, dass sich dieser Kausalzusammenhang unter einem geänderten Untersuchungsdesign und mit entsprechend erfahrenen Probanden als ein zweiter vielversprechender Hebel zwischen den Wirkungszusammenhängen innerhalb des virtuellen Kontexts und den Determinanten des Kaufverhaltens in der physischen Realität erweist. Wird diese Vermutung in künftigen Forschungsarbeiten bestätigt, sollten sich Unternehmen bei der Vorauswahl geeigneter Communities und bei der Ausgestaltung ihres Markenauftritts neben den bisher betrachteten Determinanten insbesondere mit den herrschenden sozialen Normen innerhalb der jeweiligen virtuellen 3D-Community auseinandersetzen, da der subjektiven Norm im virtuellen Kontext ein beachtlicher Einfluss auf die Einstellung zum virtuellen Kauf der Marke nachgewiesen werden konnte.

Abschließend lässt sich festhalten, dass die Markenpflege in virtuellen 3D-Communities stets als fortlaufender Prozess anzusehen ist. So sollte von einer „Fire-and-Forget"-Mentabilität bezüglich virtueller Kampagnen Abstand genommen werden und stattdessen kontinuierliche Optimierungsmaßnahmen durchgeführt werden.[398] Aufgrund der starken Eigendynamik und der Selbstverstärkungseffekte virtueller Marketingkampagnen in hoch vernetzten Communities ist zudem eine stetige Kontrolle der entsprechenden Nutzerresonanzen unerlässlich.[399]

5.2 Implikationen für die Marketingforschung

Aufgrund der Studienergebnisse konnten interessante und wertvolle Erkenntnisse gewonnen und vielversprechende Handlungsimplikationen für eine erfolgreiche Umsetzung der Maßnahmen der Markenpflege in virtuellen 3D-Communities abgeleitet werden. Dennoch war es nicht möglich, alle potenziellen Wirkungszusammenhänge dieses überaus komplexen Untersuchungsgegenstands umfassend abzubilden und einer empirischen Überprüfung zu unterziehen. Die vorliegende Studie

---

397 Vgl. Huber et al. (2005a), S. 37 f.
398 Vgl. Breuer/Küpers (2007), S. 27.
399 Vgl. Breuer/Küpers (2007), S. 27.

lieferte somit zugleich bedeutende Ansatzpunkte für die künftige Marketingforschung. Da den Messmodellen eine hohe Güte bescheinigt werden konnte, würden sich diese nach einer entsprechenden Anpassung auch für weitere wissenschaftliche Arbeiten in dem noch weitgehend unerforschten Bereich virtueller 3D-Communities eignen.

So könnte ein weiteres Forschungsinteresse darin bestehen, die im Rahmen dieser Studie empirisch bestätigten Kausalwirkungen auch im Rahmen einer längerfristig angelegten Untersuchung innerhalb einer virtuellen 3D-Community zu überprüfen. Die Studienergebnisse lieferten Grund zur Annahme, dass die Stärke der überprüften Kausalzusammenhänge zumindest teilweise mit dem Ausmaß der Erfahrungswerte der Probanden mit den spezifischen Gegebenheiten einer virtuellen 3D-Community variieren könnte. Neue Erkenntnisse könnten auch gewonnen werden, indem weiteren Untersuchungen statt eines fiktiven Markenauftritts eine bereits umgesetzte Marketingmaßnahme zugrunde gelegt wird. Bei einer längerfristigen Konfrontation der Probanden mit einem tatsächlich existierenden, virtuellen Markenauftritt ist davon auszugehen, dass sich dieser stärker in den Köpfen der Probanden verankern wird.

Vor diesem Hintergrund wären auch weitere Untersuchungen bezüglich der subjektiven Norm in virtuellen 3D-Communities von großem Interesse. So ist aufgrund der deskriptiven Datenanalyse davon auszugehen, dass der wahrgenommene soziale Umgebungsdruck in Second Life im Rahmen der vorliegenden Studie von den Probanden maßgeblich assoziativ und weniger erfahrungsgestützt beurteilt wurde.

Derartige assoziative Beurteilungen erweisen sich in Anbetracht der Erkenntnisse über das aktuelle Verhalten der Nutzer virtueller 3D-Communities momentan noch als eine durchaus geeignete Grundlage zur Ableitung von Implikationen für die Marketingpraxis; so kehren viele Nutzer nach ihrem ersten Kontakt mit der virtuellen 3D-Community zunächst nicht wieder in diese zurück.[400] Bei einem relativ flüchtigen Kontakt mit den Gegebenheiten der virtuellen 3D-Community ist die Wahrnehmung der Nutzer hinsichtlich sozialer Erwartungshaltungen virtueller Bezugsgruppen ver-

---

[400] Vgl. Fittkau/Renz (2007), S. 58.

mutlich weniger durch gefestigte Erfahrungswerte, als vielmehr durch diverse, mit der speziellen Community assoziierte, ex ante Überzeugungen geprägt.

Sollte sich die Akzeptanz der Internet-Nutzer gegenüber virtuellen 3D-Communities, wie von einigen Experten prognostiziert,[401] in den kommenden Jahren stetig erhöhen, wären jedoch weitere Erkenntnisse bezüglich des langfristigen und erfahrungsgestützten Einflusses der subjektiven Norm in virtuellen 3D-Communities auf die Einstellung zum Kauf markierter, virtueller Produkte (bzw. gegenüber der verhaltensbezogenen Einstellungskomponente generell) unerlässlich.

Den aufgezeigten Vorteilen langfristig angelegter Studien innerhalb virtueller 3D-Communities stehen jedoch auch ebenso beachtliche Nachteile gegenüber. So könnten sich hierbei diverse Störgrößen negativ auf die Aussagekraft der gewonnenen Ergebnisse auswirken. Vor dem Hintergrund momentaner Teilnehmer-Strukturen erscheint die ausschließliche Befragung von Nutzern virtueller 3D-Communities auch hinsichtlich der Generalisierbarkeit der Ergebnisse zurzeit noch bedenklich.[402] Aus diesem Grund ist es für die Marketingforschung ratsam, sich nicht nur auf ein bestimmtes Vorgehen bei der Erkenntnisgewinnung zu beschränken, sondern vielmehr unterschiedliche Untersuchungsdesigns einzusetzen und die Forschungsergebnisse sinnvoll miteinander zu kombinieren.

Bei der vorliegenden Studie wurde eine fiktive Kommunikationsmaßnahme betrachtet. Um die Gewinnung klarer Erkenntnisse nicht durch einen überhöhten Komplexitätsgrad zu behindern, wurden weitere Instrumente des Marketing Mix' im Rahmen dieser Studie weitestgehend ignoriert. Da virtuelle 3D-Communities jedoch prinzipiell auch Potenzial für den Aufbau zusätzlicher Vertriebskanäle besitzen,[403] sollten sich künftige Forschungsarbeiten in diesem Gebiet auch vertriebstechnischen Fragestellungen widmen. Zudem wären weitere Erkenntnisse von Interesse die Aufschluss darüber geben, inwiefern und in welcher Form die Community-Nutzer, im Sinne der Prinzipien des Web 2.0, in den virtuellen Produkterstellungsprozess zu integrieren sind.

---

[401] Vgl. Hummel (2007).
[402] Vgl. Fittkau/Renz (2007), S. 58 f.
[403] Vgl. Experteninterview Strellson AG (2007), S. 3.

Im Rahmen dieser Studie konnte der wahrgenommene Fit zwischen dem virtuellen und dem klassischen Markenauftritt als eine bedeutende Determinante der Einstellung gegenüber dem virtuellen Markenauftritt bestätigt werden. In den vorherigen Ausführungen wurde darauf verwiesen, dass es für Unternehmen ratsam erscheint, diesen Fit u. a. durch die Verzahnung unterschiedlicher Offline- und Online-Marketingmaßnahmen zu realisieren. Hier wären weitere Forschungsarbeiten wünschenswert, die die Wirkungszusammenhänge entsprechend synchronisierter Marketingmaßnahmen beleuchten. Zukünftige Forschungsarbeiten sollten sich vor diesem Hintergrund auch in erhöhtem Maße mit den Effekten von Crossmedia-Kampagnen, als intelligente Verbindung von Reichweiten- und Beteiligungsmedien,[404] beschäftigen.

Abschließend lässt sich festhalten, dass das aufgestellte Untersuchungsmodell der vorliegenden Studie u. a. auf Basis der Erkenntnisse der Theorie des überlegten Handelns abgeleitet wurde. Dieser Theorie liegt jedoch die Annahme zugrunde, dass das Verhalten eines Individuums das Ergebnis eines rationalen Entscheidungsprozesses ist, so dass sich spontane, impulsive Verhaltensweisen (wie Impulskäufe) mit dieser Theorie nicht erklären lassen.[405] Zukünftige Forschungsbemühungen könnten diese Lücke bspw. mit geeigneten Experimenten schließen.

---

[404] Vgl. Hummel (2007).
[405] Vgl. Herrmann (2003), S. 97.

6 Schlussbetrachtung

Den Ausgangspunkt der vorliegenden Studie bildete die zu beobachtende Unsicherheit der Unternehmen bezüglich des vermeintlichen Potenzials virtueller 3D-Communities für die eigene Markenpflege. Hier zeichnete sich ein erhöhter Bedarf an Forschungserkenntnissen ab, anhand derer sich die komplexen Wirkungszusammenhänge zwischen dem virtuellen Markenauftritt der Unternehmen und dem Kaufverhalten der Konsumenten in der physischen Realität erklären lassen. Damit eng verbunden sind auch Fragen bezüglich der Determinanten, mit deren Hilfe sich die angestrebten Wirkungen der Online-Markenkommunikation optimieren lassen. Ziel dieser Studie war es, die Wirkung der Markenpflege in virtuellen 3D-Communities auf das Kaufverhalten der Konsumenten in der realen Welt zu erklären und bedeutende Determinanten für eine erfolgreiche Umsetzung der virtuellen Markenpräsenz zu ermitteln.

Das Untersuchungsziel erforderte die Verknüpfung von Einstellungen und Wahrnehmungen, die sich auf den virtuellen Kontext beziehen mit kaufverhaltensrelevanten Beziehungsgeflechten, die in der physischen Realität Geltung besitzen. Eine derartige Untersuchungssituation wurde in der Literatur bislang noch nicht berücksichtigt. Zur Klärung der Forschungsfrage diente eine Kombination der Erkenntnisse der Konsistenztheorien mit den Erkenntnissen der Einstellungs-Verhaltens-Modelle, die sich in Bezug auf die Erklärung des Kaufverhaltens in der wissenschaftlichen Forschung bereits als zweckdienlich erwiesen haben. Auf dieser Basis wurde ein Hypothesenmodell entwickelt, das anhand einer Untersuchung mit einer Modemarke empirisch überprüft wurde. Die Modellschätzung wurde auf Basis des PLS-Ansatzes vorgenommen, wobei dem Modell eine hohe Erklärungskraft in Bezug auf das Kaufverhalten in der realen Welt bescheinigt werden konnte.

Während im Rahmen dieser Studie allenfalls ein schwacher Zusammenhang zwischen den kaufverhaltensbezogenen Einstellungskonstrukten des virtuellen und realen Kontexts bestätigt werden konnte, so zeichnete sich doch eine eindeutige Hebelwirkung zwischen den jeweiligen objektbezogenen Einstellungskonstrukten ab. So konnte ein deutlicher Einfluss der „Einstellung gegenüber dem virtuellen Markenauftritt“ auf die „Einstellung gegenüber der Marke in der realen Welt“ festgestellt werden. Dem letzteren Konstrukt konnte wiederum über die „Einstellung zum Kauf der Marke in der realen Welt“ eine Wirkung auf die markenbezogene „Kaufabsicht in der realen Welt“ nachgewiesen werden. Als signifikante Determinanten der Einstellung gegenüber dem virtuellen Markenauftritt konnten die Community-Kompatibilität des Markenimages, der Fit zwischen dem virtuellen und dem klassischen Markenauftritt sowie der wahrgenommene Nutzen der virtuellen Markenpräsenz bestätigt werden, wobei sich letzterer als der einflussreichste Faktor erwies. Damit leisten diese Ergebnisse einen Beitrag zur Erklärung der Wirkung der Markenpflege in virtuellen 3D-Communities auf das Kaufverhalten in der realen Welt.

Die Stärke der Wirkungszusammenhänge des Kausalmodells wurde zudem anhand von Gruppenvergleichen nach dem Geschlecht und der Markenvertrautheit der Probanden hinsichtlich signifikanter Unterschiede überprüft. Dabei konnte die moderierende Wirkung dieser Variablen auf die Stärke der Modellzusammenhänge bestätigt werden.

Ein wesentliches Ziel der vorliegenden Studie bestand in der empirisch gestützten Ableitung von Implikationen für die Marketingpraxis der Unternehmen. Auf Basis der Erkenntnisse der empirischen Studie konnten bedeutende Stellhebel für eine erfolgreiche Umsetzung der Marketingmaßnahmen in virtuellen 3D-Communities identifiziert werden. Diese Erkenntnisse dienten als Grundlage für die Präsentation von Handlungsempfehlungen für die Unternehmenspraxis. Schließlich wurden im Rahmen der vorliegenden Studie bedeutende Ansatzpunkte für einen zukünftigen Forschungsbedarf aufgezeigt.

Literaturverzeichnis

Aberg, Lars (1993): Drinking and Driving: Intentions, Attitudes, and Social Norms of Swedish Male Drivers, in: Accident, Analysis & Prevention, Vol. 25, No. 3, pp. 289-296.

Ajzen, Icek; Brown, Thomas C.; Carvajal, Franklin (2004): Explaining the Discrepancy between Intentions and Actions: The Case of Hypothetical Bias in Contingent Valuation, in: Personality and Social Psychology Bulletin, Vol. 30, No. 9, pp. 1108-1121.

Ajzen, Icek (2002a): Constructing a TpB Questionnaire: Conceptual and Methodological Considerations, http://people.umass.edu/aizen/pdf/ tpb.measurement.pdf, letzter Abruf: 02. Oktober 2007.

Ajzen, Icek (2002b): Perceived Behavioral Control, Self-Efficacy, Locus of Control, and the Theory of Planned Behavior, in: Journal of Applied Social Psychology, Vol. 32, No. 4, pp. 665-683.

Ajzen, Icek (1985). From Intentions to Actions: A Theory of Planned Behavior, in: Kuhl, Julius; Beckmann, Jürgen (Hrsg.): Action Control, Berlin, pp. 11-39.

Ajzen, Icek; Fishbein, Martin (1980): Understanding Attitudes and Predicting Social Behaviour, Englewood Cliffs.

Ajzen, Icek; Fishbein, Martin (1977): Attitude-Behavior Relations: A Theoretical Analysis and Review of Empirical Research, in: Psychological Bulletin, Vol. 84, No. 5, pp. 888-918.

Ajzen, Icek; Fishbein, Martin (1975): Attitude, Intention and Behavior: An Introduction to the Theory and Research, Addison-Wesley.

Albers, Sönke; Herrmann, Andreas (2007): Handbuch Produktmanagement, 3. Aufl., Wiesbaden.

Alby, Tom (2008): WEB 2.0: Konzepte, Anwendungen, Technologien, München.

Algesheimer, René (2004): Brand Communities: Begriff, Grundlagen und Implikationen, Wiesbaden.

Alnarracín, Dolores; Johnson, Blair T.; Fishbein, Martin; Muellerleile, Paige A. (2001): Theories of Reasoned Action and Planned Behavior as Models of Condome Use: A Meta-Analysis, in Psychological Bulletin, Vol. 127, No. 1, pp. 142-161.

Atteslander, Peter (2006): Methoden der empirischen Sozialforschung, 11. Aufl., Berlin.

Backhaus, Klaus; Erichson, Bernd; Plinke, Wulff; Weiber, Rolf. (2006): Multivariate Analysemethoden: Eine anwendungsorientierte Einführung, 11. Aufl., Berlin, Heidelberg.

Bagozzi, Richard P.; Fornell, Claes (1982): Theoretical Concepts, Measurements, and Meaning, in: Fornell, Claes (Ed.): A Second Generation of Multivariate Analysis, Band 2, New York, S. 24-38.

Baizhen, Chua; Chatterjee, Neil (2007): IBM sees future in Second Life, Web worlds, http://www.reuters.com/article/internetNews/idUSSP16777120070823, letzter Abruf: 01. Oktober 2007.

Baumgarth, Carsten (2004): Markenpolitik: Markenwirkungen – Markenführung – Markencontrolling, 2. Aufl., Wiesbaden.

Bentler, Peter; Speckart George (1979): Models of Attitude-Behavior Relation, in: Psychological Review, Vol. 86, No. 5; pp. 452-464.

Belliger, Andréa; Krieger, David J. (2006): Einführung in die Akteur-Netzwerk-Theorie, in: Belliger, Andréa; Krieger, David J. (Hrsg.): ANThology: Ein einführendes Handbuch zur Akteur-Netzwerk-Theorie, Bielefeld, S. 13-50.

Benkenstein, Martin (2001): Entscheidungsorientiertes Marketing: Eine Einführung, Wiesbaden.

Berge, Stefan; Buesching, Arne (2007): Strategien von Communities in Web 2.0, in: Hass, Berthold; Walsh, Gianfranco; Kilian Thomas (Hrsg.): Web 2.0: Neue Perspektiven für Marketing und Medien, Berlin, Heidelberg, S. 24-36.

Blalock, Hubert M. (1964): Causal Inferences in Nonexperimental Research, Chapel Hill, New York.

Bollen, Kenneth A.; Lennox, Richard (1991): Conventional Wisdom on Measurement: A Structural Equation Perspective, in: Psychological Bulletin, Vol. 110, No. 2; pp. 305-314.

Bollen, Kenneth (1989): Structural Equations with Latent Variables, New York.

Bortz, Jürgen; Döring, Nicola (2002): Forschungsmethoden und Evaluation: Für Human- und Sozialwissenschaftler, 3. Aufl., Heidelberg.

Böcker, Franz (1996): Marketing, 6. Aufl., Stuttgart.

Vom Brocke, Jan (2003): Referenzmodellierung: Gestaltung und Verteilung von Konstruktionsprozessen, Berlin.

Braunstein, Christine (2001): Einstellungsforschung und Kundenbindung: Zur Erklärung des Treueverhaltens von Konsumenten, Wiesbaden.

Breuer, Markus; Küpers, Sebastian (2007): Second Life und Business in virtuellen Welten, http://www.pixelpark.com/de/pixelpark/_ressourcen/attachments/publikationen/0703_White_Paper_Second_Life_e7_Pixelpark.pdf, letzter Abruf: 15. Dezember 2007.

Brosius, Hans-Bernd; Haas, Alexander; Koschel, Friederike (2007): Methoden der empirischen Kommunikationsforschung: Eine Einführung, 4. Aufl., Wiesbaden.

Büttner, Miriam; Huber, Frank; Regier, Stefanie; Vollhardt, Kai (2006): Phänomen Luxusmarke: Identitätsstiftende Effekte und Determinanten der Markenloyalität, Wiesbaden.

Capital (2007): Megatrend Second Life, in: Capital, 46. Jg., Nr. 6, S. 18-26.

Carrier, Martin (1989): Geist, Gehirn, Verhalten: Das Leib-Seele-Problem und die Philosophie der Psychologie, Berlin.

Chandon, Pierre (2000): A Benefit Congruency Framework of Sales Promotion Effectiveness, in: Journal of Marketing, Vol. 64, No, 4, pp. 65-81.

Chen, Qimei; Wells, William D. (1999): Attitude Toward the Site, in: Journal of Advertising Research, Vol. 39, No. 5, pp. 27-37.

Chin, Wynne W. (2000): Frequently Asked Questions – Partial Least Squares & PLS-Graph, http://disc-nt.cba.uh.edu/chin/plsfaq.htm, letzter Abruf: 29. Januar 2008.

Chin, Whyne W.; Newsted, Peter R. (1999): Structural Equation Modelling Analysis with Small Samples Using Partial Least Squares, in: Hoyle, Rick (Ed.): Statistical Strategies for Small Samples Research, Thousand Oaks et al., pp. 307-341.

Cho, Chang-Hoan; Leckenby, John D. (1998): Interactivity as a Measure of Advertising Effectiveness, http://www.jou.ufl.edu/faculty/ccho/, letzter Abruf: 01. Oktober 2007.

Coyle, James R.; Thorson, Esther (2001): The Effects of Progressive Levels of Interactivity and Vividness in Web Marketing Sites, in: Journal of Advertising, Vol. 30, No. 3, pp. 65-77.

Dean, Dwane H. (2002): Associating the Corporation with a Charitable Event Through Sponsorship: Measuring the Effects on Corporate Community Relations, in: Journal of Advertising, Vol. 31, No. 4, pp. 77-87.

Deutschland Online (2006): Studie Deutschland Online 4, http://www.studie-deutschland-online.de/do4/DO4-Berichtsband_d.pdf, Letzter Abruf: 01. Oktober 2007, S. 1-101.

Diamantopoulos, Adamantios; Winklhofer, Heidi M. (2001): Index Construction with Formative Indicators: An Alternative to Scale Development, in: Journal of Marketing Research, Vol. 38, No. 2, pp. 269-277.

Diamantopoulos, Adamantios (1999): Export Performance Measurement: Reflective versus Formative Indicators, in: International Marketing Review, Vol. 16, No. 6, pp. 444-457.

Diekmann, Andreas (2006): Empirische Sozialforschung: Grundlagen, Methoden, Anwendungen, 15. Aufl., Reinbek bei Hamburg.

Dudzik, Thade (2006): Die Werbewirkung von Sportsponsoring, Wiesbaden.

Eagly, Alice H.; Chaiken, Shelly (1993): The Psychology of Attitudes, San Diego.

Eckes, Thomas; Six, Bernd (1994): Fakten und Fiktionen in der Einstellungs-Verhaltens- Forschung: Eine Metaanalyse, in: Zeitschrift für Sozialpsychologie, 25. Jg., Nr. 4, S. 253-271.

Einwiller, Sabine (2003): Vertrauen durch Reputation im elektronischen Handel, Wiesbaden.

Eisend, Martin (2003): Glaubwürdigkeit in der Marketingkommunikation: Konzeption Einflussfaktoren, und Wirkungspotenzial, Wiesbaden.

Evanschitzky, Heiner (2003): Erfolg von Dienstleistungsnetzwerken: Ein Netzwerkmarketingansatz, Wiesbaden.

Fantapié Altobellí, Claudia; Sander, Matthias (2001): Internet-Branding: Marketing und Markenführung im Internet, Stuttgart.

Fassott, Georg (2007): Internationaler E-Commerce, Chancen und Barrieren aus Konsumentensicht, Wiesbaden.

Fassott, Georg (2006): Operationalisierung latenter Variablen in Strukturgleichungsmodellen: Eine Standortbestimmung, in: Schmalenbachs Zeitschrift für betriebswirtschaftliche Forschung, 58. Jg., S. 67-88.

Fassott, Georg (2005): Die PLS-Pfadmodellierung: Entwicklungsrichtungen, Möglichkeiten, Grenzen, in: Bliemel, Friedhelm; Eggert, Andreas; Fassott, Georg; Henseler, Jörg (Hrsg.): Handbuch PLS-Pfadmodellierung, Stuttgart, S. 19-29.

Fassott, Georg; Eggert, Andreas (2005): Zur Verwendung formativer und reflektiver Indikatoren in Strukturgleichungsmodellen: Bestandsaufnahme und Anwendungsempfehlungen, in: Bliemel, Friedhelm; Eggert, Andreas; Fassott, Georg; Henseler, Jörg (Hrsg.): Handbuch PLS-Pfadmodellierung, Stuttgart, S. 31-47.

Fazio, Russel H.; Sanbonmabu, David M.; Powell, Martha C.; Kardes, Frank R. (1986): On the Automatic Activation of Attitudes, in: Journal of Personality and Social Psychology, Vol. 50, No. 2, pp. 29-238.

FAZ.NET (2007): Second Life verliert seine Unschuld, http://www.faz.net/s/Rub475F682E3FC24868A8A5276D4FB916D7/Doc~E383F6C602E2849AD9C17EC9B8C35A661~ATpl~Ecommon~Scontent.html, letzter Abruf: 01. Oktober 2007.

Festinger, Leon (1978): Theorie der kognitiven Dissonanz, in: Möntmann, Volker; Irle, Martin (Hrsg.): Theorie der kognitiven Dissonanz, Bern, S. 8-273.

Figallo, Cliff (1998): Hosting Web Communities: Building Relationships, Increasing Customer Loyality, and Maintaining a Competitive Edge, New York et al.

Fischer, Joerg K. (2008): Medienrecht und Medienmärkte, Berlin u. a.

Fischer, Kai; Neumann, André (2003): Multi-Channel-Fundraising: Clever kommunizieren, mehr Spender gewinnen, Wiesbaden.

Fischer, Lorenz, Wiswede, Günter (2002): Grundlagen der Sozialpsychologie, 2. Aufl., München.

Fishbein, Martin (1967): Attitude and the Prediction of Behavior, in: Fishbein, Martin (Hrsg.): Attitude Theory and Measurement, New York et al., S. 477-493.

Fittkau, Susanne; Renz, Florian (2007): Erkenntnisse aus dem "Zweiten Leben": Studie untersucht die Bedeutung von Second Life für Marketingzwecke, in: Research & Results, Nr. 6, S. 58-59.

Fornell, Claes; Bookstein, Fred L. (1982): Two Structural Equation Models: LISREL and PLS Applied to Consumer Exit-Voice Theory, in: Journal of Marketing Research, Vol. 19, No. 4, pp. 440-452.

Fornell, Claes; Larcker, David F. (1981): Evaluating Structural Equation Models with Unobservable Variables and Measurement Error, in: Journal of Marketing Research, Vol. 18, No. 1, pp. 39-50.

Foscht, Thomas (2002): Kundenloyalität: Integrative Konzeption und Analyse der Verhaltens- und Profitabilitätswirkungen, Wiesbaden.

Freundt, Tjark C. (2006): Emotionalisierung von Marken: Inter-industrieller Vergleich der Relevanz emotionaler Markenimages für das Konsumentenverhalten, Wiesbaden.

Fritz, Wolfgang (1995): Marketing-Management und Unternehmenserfolg, 2. Aufl., Stuttgart.

Funk, Thomas (2005): Die Wirkungen von Bonusprogrammnetzwerken auf das Cross-Buying-Verhalten, Wiesbaden.

Gaiser, Brigitte (2005): Strategien zur Gestaltung von Markenportfolios – Unternehmensstrategische Entscheidungen der Markenführung, in: Gaiser, Brigitte; Linxweiler, Richard; Brucker, Vincent (Hrsg.): Praxisorientierte Markenführung: Neue Strategien, innovative Instrumente und aktuelle Fallstudien, Wiesbaden, S. 81-101.

Glitsch, Edzard (2003): Alkoholkonsum und Straßenverkehrsdelinquenz: Eine Anwendung der Theorie des geplanten Verhaltens auf das Problem des Fahrens unter Alkohol unter besonderer Berücksichtigung des Einflusses von verminderter Selbstkontrolle, Mönchengladbach.

Göttgens, Olaf; Dörrenbecher, Sven (2008): Markenmanagement im Web 2.0 und Web 3D am Beispiel von Mercedes-Benz, in: Hass, Berthold; Walsh, Gianfranco; Kilian, Thomas (Hrsg.): Web 2.0: Neue Perspektiven für Marketing und Medien, Berlin, Heidelberg, S. 211-229.

Götz, Oliver; Liehr-Gobbers, Kerstin (2004): Analyse von Strukturgleichungsmodellen mit Hilfe der Partial-Least-Squares (PLS)-Methode, in: Die Betriebswirtschaft, 64. Jg., Nr. 6, S. 714-738.

Greving, Bert (2007): Messen und Skalieren von Sachverhalten, in: Albers, Sönke; Klapper, Daniel; Konradt, Udo; Walter, Achim; Wolf, Joachim (Hrsg.): Methodik der empirischen Sozialforschung, 2. Aufl., Wiesbaden, S. 65-78.

Güttler, Peter O. (2003): Sozialpsychologie, 4. Aufl., München, Wien, Oldenburg.

Hagel III, John; Armstrong, Arthur G. (1997): Net Gain – Expanding Markets Through Virtual Communities, Boston.

Halve, Anand B. (2005): Planning for Power Advertising: A User's Manual for Students and Practitioners, London.

Hein, Frank Martin (2008): Elektronische Unternehmenskommunikation: Konzepte und Best Practices zu Kultur und Führung, Frankfurt a. M.

Heng, Stefan (2006): Medienwirtschaft vor größtem Umbruch seit Gutenberg: Der Medienkonsument auf dem Weg zum Medienmacher, http://www.dbresearch.com/PROD/DBR_INTERNET_EN-PROD/PROD0000000000202448.pdf, letzter Abruf: 07. März 2008.

Herkner, Werner (1993): Lehrbuch Sozialpsychologie, 5. Aufl. Bern, Stuttgart, Toronto.

Herrmann, Andreas; Huber, Frank; Kressmann, Frank (2006): Varianz- und kovarianzbasierte Strukturgleichungsmodelle – Ein Leitfaden zu deren Spezifikation, Schätzung und Beurteilung, in: Schmalenbachs Zeitschrift für betriebswirtschaftliche Forschung, 58. Jg., S. 34-66.

Herrmann, Anja K (2003): Kaufverhalten bei Innovationen auf dem Lebensmittelmarkt: Entwicklung eines Kausalanalytischen Messinstruments für Functional Food, Wiesbaden.

Hermanns, Arnold; Kiendl, Stephanie; Ringle, Tanja (2006): Der Beitrag von Sponsoring und Events zu Markenaufbau und Markenpflege, in: Strebinger, Andreas; Mayerhofer, Wolfgang; Kurz, Helmut (Hrsg.): Werbe- und Markenforschung: Meilensteine – State of the Art – Perspektiven, Wiesbaden, S. 307-331.

Holzner, Anna (2006): Nutzenorientiertes Pricing von Messeleistungen, Wiesbaden.

Homburg, Christian; Herrmann, Andreas; Pflesser, Christian; Klarmann, Martin (2008): Methoden der Datenanalyse im Überblick, in: Herrmann, Andreas; Homburg, Christian; Klarmann, Martin (Hrsg.): Handbuch Marktforschung, 3. Aufl., Wiesbaden.

Homburg, Christian; Dobratz, Andreas (1998): Iterative Modellselektion in der Kausalanalyse, in: Hildebrandt, Lutz; Homburg, Christian (Hrsg.): Die Kausalanalyse: Ein Instrument der empirischen betriebswirtschaftlichen Forschung, Stuttgart, S. 447-472.

Homburg, Christian; Hildebrandt, Lutz (1998): Die Kausalanalyse: Bestandsaufnahme, Entwicklungsrichtlinien, Problemfelder, in: Hildebrandt, Lutz; Homburg, Christian (Hrsg.): Die Kausalanalyse: Ein Instrument der empirischen betriebswirtschaftlichen Forschung, Stuttgart, S. 15-43.

Homburg, Christian; Giering Annette (1998): Konzeptualisierung und Operationalisierung komplexer Konstrukte – Ein Leitfaden für die Marketingforschung, in: Hildebrandt, Lutz; Homburg, Christian (Hrsg.): Die Kausalanalyse: Ein Instrument der empirischen betriebswirtschaftlichen Forschung, Stuttgart, S. 111-146.

Hovland, Carl I.; Rosenberg, Milton J. (1960): Summary and Further Theoretical Issues, in: Hovland, Carl I.; Rosenberg Milton J. (Hrsg.): Attitude Organisation and Change: An Analysis of Consistency among Attitude Components, New Haven, S. 198-232.

Huber, Frank; Herrmann, Andreas; Meyer, Frederik; Vogel, Johannes; Vollhardt, Kai (2007): Kausalmodellierung mit Partial Least Squares: Eine anwendungsorientierte Einführung, Wiesbaden.

Huber, Frank; Regier, Stefanie; Vollhardt, Kai; Matthes, Isabel (2005a): Sportsponsoring effektiv einsetzen: Zu den Auswirkungen von Sponsoringmaßnahmen auf Einstellung und Kaufabsicht der Verbraucher, Wissenschaftliches Arbeitspapier des Center of Market-Oriented Product and Production Management, Mainz.

Huber, Frank; Herrmann, Andreas; Kressmann, Frank; Vollhardt, Kai (2005b): Zur Eignung von kovarianz- und varianzbasierten Verfahren zur Schätzung komplexer Strukturgleichungsmodelle, Wissenschaftliches Arbeitspapier des Center of Market-Oriented Product and Production Management, Mainz.

Huber, Frank; Herrmann, Andreas; Peter, Sibylle (2003): Ein Ansatz zur Steuerung der Markenstärke, in: Zeitschrift für Betriebswirtschaft, 73. Jg., Nr. 4, S. 345-370.

Huber, Jan-Alexander (2005): Co-Branding als Strategieoption der Markenpolitik: Kaufverhalten bei Co-Brand-Produkten und negative Rückwirkungseffekte auf die Muttermarken, Wiesbaden.

Hulland, John (1999): Use of Partial Least Squares (PLS) in Strategic Management Research: A Review of Four Recent Studies, in: Strategic Management Journal, Vol. 20, No. 2; pp. 195-204.

Hummel, Mike (2007): Virtuelle Welten: Macht Second Life für Firmen Sinn?, http://www.absatzwirtschaft.de/Content/_pv/_t/ft/_b/61290/default.aspx/, letzter Abruf: 01. Oktober 2007.

Hüttner, Manfred; Schwarting, Ulf (2002): Grundzüge der Marktforschung, 7. Aufl., München.

IP Deutschland (2006): Markenbekanntheit und Image, http://wirkstoff.tv/uploads/tx_wirkstoffcase/Case_Study_Strellson.pdf, letzter Abruf: 01. März 2008.

Irle, Martin (1975): Lehrbuch der Sozialpsychologie, Göttingen et al.

Jaccard, James; Davidson, Andrew R. (1975): A Comparison of Two Models of Social Behavior: Results of a Survey Sample, in: Sociometry, Vol. 38, No. 4, pp. 497-517.

Jansen, Sascha (2008): Digitale Trends 2008: Reichweite oder individuelle Ansprache – die Entscheidung trifft jeder für sich, http://www.absatzwirtschaft.de/Content/printpage.aspx?_p=1003185&_t=ftprint&_b=63400, letzter Abruf: 15. Februar 2008.

Jarvis, Cheryl B.; MacKenzie, Scott B.; Podsakoff, Philip M. (2003): A Critical Review of Construct Indicators and Measurement Model Misspecification in Marketing and Consumer Research, in: Journal of Consumer Research, Vol. 30, No. 2, pp. 199-218.

Kilian, Thomas; Hass, Berthold H.; Walsh, Gianfranco (2007): Grundlagen des Web 2.0, in: Hass, Berthold; Walsh, Gianfranco; Kilian Thomas (Hrsg.): Web 2.0: Neue Perspektiven für Marketing und Medien, Berlin, Heidelberg, S. 4-21.

Klauer, Karl C. (2006): Kognitive Balance und Konsistenz, in: Bierhoff, Hans-Werner; Frey, Dieter (Hrsg.): Handbuch der Sozialpsychologie und Kommunikationspsychologie, Göttingen.

Knapp, Frank (2003): Markenführung im Internet, in: Theobald, Axel; Dreyer, Marcus; Starsetzki Thomas (Hrsg.): Online-Marktforschung: Theoretische Grundlagen und praktische Erfahrungen, 2. Aufl., Wiesbaden.

Knappe, Martin; Kracklauer, Alexander (2007): Verkaufschance Web 2.0: Dialoge fördern, Absätze steigern, neue Märkte erschließen, Wiesbaden.

Kollmann, Tobias (2009): E-Entrepreneurship: Grundlagen der Unternehmensgründung in der Net Economy, 3. Aufl., Wiesbaden.

Konzinets, Robert V. (1999): E-Tribalized marketing?: The Strategic Implications of Virtual Communities of Consumption, in: European Management Journal, Vol. 17, No. 3, pp. 252-264.

Kowalsky, Marc (2006): Die 50 wertvollsten Marken der Schweiz, in: Bilanz: Das Schweizer Wirtschaftsmagazin, Nr. 1, S. 2-8.

Krafft, Manfred; Götz, Oliver; Liehr-Gobbers, Kerstin (2005): Die Validierung von Strukturgleichungsmodellen mit Hilfe des Partial-Least-Squares (PLS)-Ansatzes, in: Bliemel, Friedhelm; Eggert, Andreas; Fassott, Georg; Henseler, Jörg (Hrsg.): Handbuch PLS-Pfadmodellierung, Stuttgart, S. 71-86.

Krech, David (1997): Grundlagen der Psychologie, 4. Aufl. Augsburg.

Landgraf, Rochus; Huber, Frank; Bartl, Reiner (2006): Patienten als Partner: Möglichkeiten und Einflussfaktoren der Patientenintegration im Gesundheitswesen, Wiesbaden.

Langner, Sascha (2007): Viral Marketing: Wie Sie Mundpropaganda gezielt auslösen und Gewinn bringend nutzen, 2. Aufl., Wiesbaden.

Latour, Bruno (2000): Die Hoffnung der Pandora, Frankfurt a. M.

Lechner, Ulrike, Schmid, Beat; Schubert, Petra; Zimmermann, Hans-Dieter (1998): Die Bedeutung von Virtual Business Communities für das Management von neuen Geschäftsmedien, http://www.informatik.uni-bremen.de/~lechner/publications-ule/LechnerSchmidSchubertZimmermannGeNeMe1998.PDF, letzter Abruf: 15. Januar 2008, S. 1-12.

Leimeister Jan M. (2005): Virtuelle Communities für Patienten: Bedarfsgerechte Entwicklung, Einführung und Betrieb, Wiesbaden.

Leimeister, Jan M.; Krcmar, Helmut (2004): Das Geschäftsmodell „Virtual Community“ – Revisited, in: Herstatt, Cornelius; Sander, Jan G. (Hrsg.): Produktentwicklung mit virtuellen Communities: Kundenwünsche erfahren und Innovationen realisieren, Wiesbaden, S. 45-68.

Liebe, Ulf (2007): Zahlungsbereitschaft für kollektive Umweltgüter: Soziologische und ökonomische Analysen, Wiesbaden.

Linxweiler, Richard (2004): Marken-Design: Marken entwickeln, Markenstrategien erfolgreich umsetzen, in: MTP e.V. Alumni (Hrsg.): Marken-Design: Marken entwickeln, Markenstrategien erfolgreich umsetzen, 2. Aufl., Wiesbaden.

Lober, Andreas (2007): Auch Second Life kennt Gesetze, http://www.computer-zeitung.de/loader?path=/articles/2007019/31071131_ha_CZ.html&art=/articles/2007019/31071131_ha_CZ.html&thes=8006,9825,9826,9827,9828,9829,9830,9832,9831&pid=ee54f3c7-0de1-40f5-bb23-2cfdf022aee5, letzter Abruf: 01. Dezember 2007.

Von Loewenfeld, Fabian (2006): Brand Communities: Erfolgsfaktoren und ökonomische Relevanz von Markengemeinschaften, Wiesbaden.

Luzar, Katrin (2004): Inhaltsanalyse von webbasierten Informationsangeboten: Framework für die inhaltliche und strukturelle Analyse, Norderstedt.

MacKenzie, Scott B.; Lutz, Richard J.; Belch, Georg E. (1986): The Role of Attitude Toward the Ad as a Mediator of Advertizing Effectiveness: A Test of Competing Explanations, in: Journal of Marketing Research, Vol. 23, No. 2, pp. 130-143.

Magin, Stephanie (2004): Markenwahlverhalten: Produkt-, persönlichkeits- und situationsbezogene Determinanten, Wiesbaden.

Makhfi, Jamshid (2002): Medienkultur: Eine qualitative und quantitative Analyse von Webpages, Münster, Hamburg, London.

Mast, Claudia; Huck, Simone; Güller, Karoline (2005): Kundenkommunikation, Stuttgart.

Mathick, Charla; Malhotra, Naresh; Rigdon, Edward (2001): Experiential Value: Conceptualization, Measurement and Application in the Catalog and Internet Shopping Environment, in Journal of Retailing, Vol. 77, No. 1, pp. 39-56.

Meffert, Heribert (2000): Marketing: Grundlagen marktorientierter Unternehmensführung: Konzepte – Instrumente – Praxisbeispiele, 9. Aufl., Wiesbaden.

Mertens, Andreas (2007a): Erfolgsfaktoren für Second Life, in: SLTalk: Business-Magazin für Second Life, Nr. 1, S. 8-11.

Mertens, Andreas (2007b): Erfolgsmessung in virtuellen Welten am Beispiel Second Life, in: SLTalk: Business Magazin für Second Life, Nr. 1, S. 22-27.

Mezger, Miriam; Sadrieh, Abdolkarim (2007): Proaktive und reaktive Markenpflege im Internet, in: Bauer, Hans H.; Große-Leege, Dirk; Rösger, Jürgen (Hrsg.): Interactive Marketing im Web 2.0+: Konzepte und Anwendungen für ein erfolgreiches Marketingmanagement im Internet, München.

Morrison, Diane M. ; Simpson, Edith E.; Gillmore, Mary R.; Wells, Elisabeth A, Hoppe, Marilyn J. (1996): Children's Decisions about Substance Use: An Application and Extension of the Theory of Reasoned Action, in: Journal of Applied Social Psychology, Vol. 26, No. 18; S. 1658-1679.

Müller, Julia (2005): Sozialpsychologie im Wandel der Zeit, Norderstedt.

Müller, Jürgen (2007): Wir sind drin! Wie das Internet den Modevertrieb verändert, in: Textilwirtschaft, Vol. 44, S. 22.

Müller, Stefan (2007): Umweltbewusstes Konsumentenverhalten im interkulturellen Vergleich: Ein Beitrag zum interkulturellen Marketing, Göttingen.

O'Cass, Aron; Frost, Hmily (2002): Status Brands: Examining the Effects of Non-Product-Related Brand Associations on Status and Conspicuous Consumption, in: Journal of Product & Brand Management, Vol. 11, No. 2, pp. 67-88.

O'Reilly, Tim (2005): What Is Web 2.0?: Design Patterns and Busibess Models for the Next Generation of Software, http://www.oreilly.com/pub/a/oreilly/tim/news/2005/09/30/what-is-web-20.html?page=1, letzter Abruf: 01. Januar 2008.

Orth, Ulrich R.; McDaniel, Mina; Shellhammer, Tom; Lopetcharat, Kannapon (2004): Promoting Brand Benefits: the Role of Consumer Psychographics and Lifestyle, in: Journal of Consumer Marketing, Vol. 21, No. 2, pp. 97-108.

Osgood, Charles E.; Tannenbaum, Percy H. (1955): The Principle of Congruity in the Prediction of Attitude Change, in: Psychological Review, Vol. 62, No. 1, pp. 42-55.

Panten, Gregor (2005): Internet Geschäftsmodell Virtuelle Community: Analyse zentraler Erfolgsfaktoren unter Verwendung des Partial-Least-Squares PLS-Ansatzes, Wiesbaden.

PC-Welt (2008): Linden-Dollars in Gefahr: Quick Time-Lücke ermöglicht Geldklau in Second Life, http://www.pcwelt.de/it-profi/sicherheit/sicherheitsluecken/news/1747271, letzter Abruf: 15. Februar 2008.

Pepels, Werner (2006): Produkt- und Preismanagement im Firmenkundengeschäft, München.

Preece, Jenny (2000): Online Communities – Designing Usability, Supporting Sociability, Chichester.

Prykop, Catja (2005): Szenemarketing: Zur Steigerung des Markenwerts, Wiesbaden.

Pütz, Christoph (2007): Der Einfluss interpersonellen Kommunikation auf die produktbezogene Einstellung: Untersuchung am Beispiel der Filmbranche, Norderstedt.

Raab, Gerhard; Unger, Fritz (2005): Marktpsychologie: Grundlagen und Anwendungen, 2. Aufl., Wiesbaden.

Radler, Christian (2006): Virtuelles Wirtschaftswunderland: Wie im „Second Life“ Geld verdient wird, http://www.tagesschau.de/wirtschaft/meldung92552.html, letzter Abruf: 02. Februar 2009.

Ratner, Rebecca K.; Kahn, Barbara E. (2002): The Impact of Private versus Public Consumption on Variety-Seeking-Behavior, in: Journal of Consumer Research, Vol. 29, No. 2, pp. 246-257.

Reinhardt, Susie (2008): Das Ich in der virtuellen Welt, in: Psychologie Heute, Jg. 35, Nr. 1, S. 11.

Regier, Stefanie (2007): Markterfolg radikaler Innovationen: Determinanten des Akzeptanzverhaltens, Wiesbaden.

Rheingold, Howard (1993): The Virtual Community – Homesteading on the Electronic Frontier, New York.

Rifon, Nora J.; Choi, Sejung M.; Trimple, Carrie S.; Li, Hairong (2004): Congruence Effects in Sponsorship: The Mediating Role of Sponsorship Credibility and Consumer Attributions on Sponsor Motive, in: Journal of Advertising, Vol. 33, No. 1, pp. 29-42.

Roder, Markus (2005): Ist Ihre Marke eine Kakerlake? Wie Evolutionsbiologie Ihrer Marke hilft neue Lebensräume zu erobern und „Wahrheit“ zu formen, in: Gaiser, Brigitte; Linxweiler, Richard; Brucker, Vincent (Hrsg.): Praxisorientierte Markenführung: Neue Strategien, innovative Instrumente und aktuelle Fallstudien, Wiesbaden.

Salzer, Eva (2004): Investor Relations-Management und IPO-Erfolg, Wiesbaden.

Schanz, Günther (1977): Grundlagen der verhaltenstheoretischen Betriebswirtschaftslehre, Tübingen.

Schmitz, Bernd (2007): Reales Marketing in virtuellen Welten, in: SLTalk: Business-Magazin für Second Life, S. 15-17.

Schmitt, Annette (2005): Bedingungen gerechten Handelns: Motivations- und handlungstheoretische Grundlagen liberaler Theorien, Wiesbaden.

Schnell, Rainer; Hill, Paul B.; Esser, Elke (2005): Methoden der empirischen Sozialforschung, 7. Aufl., München.

Schumann, Siegfried (2006): Repräsentative Umfrage: Praxisorientierte Einführung in empirische Methoden und statistische Analyseverfahren, 4. Aufl., München.

Schumann, Siegfried (2001): Persönlichkeitsbedingte Einstellungen zu Parteien, München et al.

Schwickert, Axel (2001): Web Site Engineering: Ökonomische Analyse und Entwicklungssystematik für eBusiness-Präsenzen, Wiesbaden.

Segars, Albert H. (1997): Assessing the Unidimensionality of Measurement: A Paradigm and Illustration within the Context of Information Systems Research, in: Omega, Vol. 25, No. 1, pp. 107-121.

SevenOne Media (2005): Studie "Time Budget 12", http://appz.sevenonemedia.de/download/publikationen/TimeBudget12.pdf, letzter Abruf: 01. Januar 2008.

Sheppard, Blair H.; Hartwick, Jon; Warshaw, Paul R. (1988): The Theory of Reasoned Action: A Meta-Analysis of Past Research with Recommendations for Modifications and Future Research, in: Journal of Consumer Research, Vo. 15, No. 3, pp. 325-343.

Sheth, Jagdish N.; Newman, Bruce J.; Grass, Barbara L. (1991): Why We Buy What We Buy: A Theory of Consumption Values, in: Journal of Business Research, Vol. 22, No. 2; pp. 159-170.

Sieber, Carsten (2008): Kooperation von Zentralcontrolling und Bereichscontrolling: Messung – Auswirkungen – Determinanten, in: Weber, Jürgen (Hrsg.): Schriften des Center for Controlling & Management (CCM), Band 30, Wiesbaden.

Simonin, Bernard L.; Ruth, Julie A. (1998): Is a Company Known by the Company It Keeps? Assessing the Spillover Effects of Brand Attitudes, in: Journal of Marketing Research, Vol. 35, No. 1, pp. 30-42.

Stahlberg, Dagmar; Frey, Dieter (1997): Konsistenztheorien, in: Frey, Dieter; Greif, Siegfried: Sozialpsychologie: Ein Handbuch in Schlüsselbegriffen, Weinheim, S. 214-221.

Statistisches Bundesamt (2007): Fast 70% der Bevölkerung ab zehn Jahren nutzen das Internet, Pressemitteilung vom 30. November 2007, http://www.destatis.de/jetspeed/portal/cms/Sites/destatis/Internet/DE/Presse/pm/2007/11/PD07__486__63931,templateId=renderPrint.psml, letzter Abruf: 28. Dezember 2007.

Stöcker, Christian (2007): Second Life: Eine Gebrauchsanweisung für die digitale Wunderwelt, München.

Strübing, Jörg (2005): Pragmatische Wissenschafts- und Technikforschung: Theorie und Methode, Frankfurt a. M.

Sweeney, Jillian C.; Soutar, Geoffrey N. Soutar (2001): Consumer Perceived Value: The Development of a Multible Item Scale, in: Journal of Retailing, Vol. 77, No. 2, pp. 203-220.

Thomas, Wolfgang; Stammermann, Ludger (2007): In-Game-Advertizing – Werbung in Computerspielen: Strategien und Konzepte, Wiesbaden.

UBS (2007): Eine starke Marke als Geschäft für den geschäftlichen Erfolg: Henniez und Strellson berichten von ihren Erfahrungen, in: UBS service: Das Magazin für Klein- und Mittelunternehmen, Vol. 2, S. 4-7.

Valtin, Alexandra (2005): Der Wert von Luxusmarken, Wiesbaden.

Walgenbach, Gertrud (2007): Die Vorteilssituation von Innovatoren auf elektronischen Märkten: Strategische Relevanz des frühen Markteintritts am Beispiel des Online-Buchhandels, Wiesbaden.

Waschkies, Olav A. (2007): Produkt- und Unternehmenspräsentation in Second Life, in: Schwarz, Torsten (Hrsg.): Leitfaden Online-Marketing: Das kompakte Wissen der Branche, Waghäusel.

Welling, Michael (2006): Ökonomik der Marke: Ein Beitrag zum Theorienpluralismus in der Markenforschung, Wiesbaden.

Wells Fargo (2007): Wells Fargo Expands Online Game for Financial Education, https://www.wellsfargo.com/press/20070111_StagecoachIsland, letzter Abruf: 15. Dezember 2007.

Welt Online (2007): Virtuelle Welten: Vier Alternativen zu Second Life, http://www.welt.de/webwelt/article888759/Vier_Alternativen_zu_Second_Life.html, letzter Abruf: 22. Dezember 2007.

Wicker, Allan W. (1969): Attitudes versus Actions: The Relationship of Verbal and Overt Behavioral Responses to Attitude Objects, in: Journal of Social Issues, Vol. 25, S. 41-78.

Wieseke, Jan (2004): Implementierung innovativer Dienstleistungsmarken: Erfolgsfaktoren und Gestaltungsvorschläge auf Basis einer empirischen Mehrebenenanalyse, Marburg.

Wirtz, Bernd W. (2001): Electronic Business, 2. Aufl., Wiesbaden.

Woisetschläger, David (2006): Markenwirkung von Sponsoring: Eine Zeitreihenanalyse am Beispiel des Formel 1-Engagements eines Automobilherstellers, Wiesbaden.

Zboralski, Katja (2007): Wissensmanagement durch Communities of Practice: Eine empirische Analyse von Wissensnetzwerken, Wiesbaden.

Zins, Andreas (2003): Ein Integrationsansatz zur Produktbewertung durch Reisekonsumenten: Theoretische und empirische Belege aus der Reiseverhaltensforschung, Münster.

MARKETING

Herausgegeben von Prof. Dr. Heribert Gierl, Augsburg, Prof. Dr. Roland Helm, Jena, Prof. Dr. Frank Huber, Mainz, und Prof. Dr. Henrik Sattler, Hamburg

Band 34
Johannes Vogel und Frank Huber
Co-Branding – Markenstrategie der Zukunft – Eine empirische Studie der Markeneffekte beim Co-Branding
Lohmar – Köln 2007 • 192 S. • € 44,- (D) • ISBN 978-3-89936-634-1

Band 35
Gordon Kaup
Markenerweiterungsstrategien in der Konsumgüterindustrie
Empirische Untersuchung zur Bedeutung der Unternehmensmarke
Lohmar – Köln 2008 • 282 S. • € 58,- (D) • ISBN 978-3-89936-720-1

Band 36
Guido Frank Grunwald
Die Bewältigung von Produktkrisen – Ein Vergleich von Beschwerde-, Reklamations- und Rückrufsituationen
Lohmar – Köln 2008 • 360 S. • € 64,- (D) • ISBN 978-3-89936-749-2

Band 37
Matthias Gabriel
Verbesserte Datenqualität in Umfragen
Lohmar – Köln 2008 • 648 S. • € 83,- (D) • ISBN 978-3-89936-754-6

Band 38
Michael Hetzel
Die Nutzung des Internets bei extensiven Kaufentscheidungen im Multi-Channel-Vertrieb – Eine kaufprozessphasenübergreifende Analyse
Lohmar – Köln 2009 • 396 S. • € 66,- (D) • ISBN 978-3-89936-773-7

Band 39
Frank Huber, Stefanie Regier und Jan Schikofsky
Neue Dimensionen für die Markenführung – Management von Modemarken in virtuellen Welten
Lohmar – Köln 2009 • 160 S. • € 47,- (D) • ISBN 978-3-89936-782-9

JOSEF EUL VERLAG